鄉情系列

台灣禽獸列傳

陳佩周 著

序——野生動物　集合！

趙榮台（林業試驗所森林保護系主任）

提起野生動物，一般人總會聯想到大象、獅子、老虎、長頸鹿、羚羊、猩猩等，這些體型龐大的動物。

「台灣這麼小，」很多人心裡可能納悶：「怎麼會有什麼野生動物？」

今天居住在台灣的人，多半都市化了，當水泥叢林逐漸侵蝕、吞沒了自然環境，人們幾乎沒有機會接觸到多樣的山野世界，當然難以想像台灣其實擁有豐富的野生動物資源。以哺乳動物（也就是獸類）來說，在這個三萬六千平方公里的蕞爾小島上，住了六十多種哺乳動物。以單位面積而言，這裡哺乳動物種類之多，又拿了個「台灣第一」。

事實上，根據近年頒布的「野生動物保育法」，野生動物不只是那些哺乳動物而已，野生動物還包括了鳥類、爬蟲類（蛇、蜥蜴、龜）、兩棲類（青蛙、蟾蜍等）、魚類、昆蟲和其他非經人類飼養、繁殖的動物。

台灣有四百多種鳥類、九十種爬蟲、三十餘種兩棲類，而光是淡水魚就有一百四十多種。

此外，台灣的昆蟲相信在五萬種之譜，再以單位面積的種類計算，在全球雖不是數一數二，也可名列前茅。

台灣是有名的蝴蝶王國，出產四百多種令人賞心悅目的蝴蝶；而蝴蝶的親戚——蛾類，已知的將近四千種。每年到台灣來採集昆蟲的日本人絡繹不絕於途，其中多數是收藏昆蟲的玩家。

這些人喜歡到台灣來採集昆蟲，除了日本人本身的台灣情結之外，還有一個很重要的理由，就是台灣是一座昆蟲的寶庫，到這裡來採集一定可以找到他們心愛的收藏品，不至於空手而回。難怪有人把擁有豐富野生動物資源的台灣稱爲「自然學家的天堂」。

早年，野生動物在台灣原住民的生活中扮演著非常重要的角色，漁獲、獵獲是蛋白質的主要來源。後來漢人來到台灣，原住民就用獵物和漢人交換日用品、布匹或裝飾。

十七世紀荷蘭人據台期間，原住民和漢人更大肆捕捉梅花鹿賣給荷蘭人轉銷到日本。當時每年最高曾獵獲十萬張鹿皮，這樣的經濟規模是相當驚人的。

而當年的野生動物不但有其經濟價值，更具有社會意義。由於狩獵是男人的工作，男子要有過獵獲才算成年人。而展示獵物的骨骸，例如山豬、水鹿等等，則可以顯示獵者的英勇，提高其社會地位，甚至可以在族內取得政治優勢。由於狩獵和實際生活息息相關，自然也進入心靈世界。因此，狩獵的前後要舉行祭祀，以祈求有所斬獲及行獵平安。

在台灣發掘的史前遺跡中，不乏在陪葬品中找到獸角、獸齒和獸骨或其製成的裝飾品的例子。

此外，在台灣早期漢人的農業社會裡，野生動物便不像在原住民的漁獵社會中那麼重要；不過他們仍然具有一定的地位。漢人很早就和原住民進行貿易、交換獵物，這些獵物除了提供難得嚐到的「野味」之外，也是重要的藥材來源。明朝李時珍所撰的中藥聖典《本草綱目》中列了三百九十二種的動物藥材，這些藥材像鹿茸、熊膽、穿山甲甲片的取得，都需要仰賴獵人，尤其是原住民的獵人。

光復以後，蝴蝶加工業一度在台灣大放異彩，捕蝶和蝴蝶加工曾經提供兩萬人工作機會，每年捕捉的蝴蝶在一千五百萬到五億隻，經濟影響十分可觀。

野生動物和民間信仰也脫不了關係；小金門奉有驅逐白蟻的白雞神；阿里山每年三月三日會出現「神蝴蝶」；台灣民間也相信把活的虎頭蜂、蛇、九官鳥放進尚未供奉的木雕神像裡，可以使神像更靈驗。這些東西，你說它穿鑿附會也好，你說它迷信也好，無論如何，它反映了人類對野生動物的知識，也反映了野生動物和人類若即若離的關係，而這正是民族生物學所要探討的。

民族生物學（或人種生物學）是探討原始人類（或傳統的、非工業化的）社會與其周遭環境裡動植物間關係的科學。

在人類早先生活的環境裡，他們和野生動植物間的互動是頻繁而緊密的，野生動植物在人類藥理學、語言、音樂、藝術、歷史、宗教、娛樂之中乃是必然的結果。

當台灣的人口還沒有膨脹到今天的地步，工業化沒有今天這麼普及的時候，先民和自然環境一直保持著和諧的關係，他們了解周遭的一草一木、飛禽走獸，他們也懂得善用資源，不必用毀滅環境來換取生存。

今天，自然環境日益減少，野生動物資源逐漸枯竭，社會價值觀更產生巨大的改變。原住民的傳統狩獵文化質變為金錢遊戲。狩獵高手不再有光榮的社會地位，我們只能見著這群眞正的生物學家一一凋零。即使是農業社會的種種，也和現代的台灣人漸行漸遠。

先民對於野生動植物有一定的了解，而他們的知識卻不一定用現代科學語彙來表示，這些知識可能是透過神話、巫術、迷信等方式來加以解釋或表達。無論這些解釋在現代人的眼裡顯得多麼荒謬，他們所了解的事實的存在卻不容我們否定。

民族生物學有無窮的潛力，讓我們學習先人探索自然生命所累積的豐富知識。這些寶貴的文化遺產正等著我們用科學的語彙去解碼、去詮釋、去修正、去傳承。

自序——我們的資源　我們的榮幸

陳佩周

我一直是個對自然科學十分外行的人，記者做了五、六年，採訪的範圍也大半不脫人文藝術方面，從來也沒想到有一天會一頭鑽進野生動物的世界。

大約半年前，因爲採訪一篇台灣穿山甲這幾十年來被獵殺利用的情形，而開始和台灣的野生動物結下因緣，而後又在聯合報鄉情版主編黃嘉瑞與聯經出版公司總編輯林載爵的策劃下，有了「台灣禽獸列傳」這個專欄的構思。

我們的想法是，找出台灣野生動物在台灣這塊土地上所發生的人　　而不僅是寫野生動物的生態行爲報導，因爲我們覺得，野生動物的生態行爲在世界各地都是類似的，但是生活在台灣地區的野生動物，因著這塊土地及人文環境的特性，而會有著怎樣特殊的小故事隱藏其中呢？這才是我們感到興趣的部分，也才是台灣本土野生動物所以有別於其他地方野生動物的所在。

但是這樣的企圖執行起來卻不容易，先不說我本身對野生動物的陌生與無知，一般從事野生動物研究的學者專家，對於調查研究過程中獲得的「人文性」資料，常常會在論文撰寫時予以捨棄，因此必須靠著採訪過程，去一點一滴的再把它們挖掘出來。

我很幸運，一開始就遇到了林業試驗所森林保護系的主任趙榮台博士，他碰巧是位人文素養很高的自然科學家，而且很早就已經開始注意台灣野生動物的人文層面，也正是從他那裡，我們知道了「民族動物學」這門專門探討動物因所在地區不同而引起的差異性的學科，早已在世界動物學界風行多年，而且方興未艾。

所以，「台灣禽獸列傳」就從趙榮台博士的研究入門，他的虎頭蜂入神像民間習俗、阿里山神蝴蝶每年三月來朝聖等調查，清楚而適切地點出了「台灣禽獸列傳」這個專欄的本意。

半年多的採訪報導，讓我從一個連基本生物分類的「界門綱目科屬種」都搞不清楚的門外漢，進入了台灣野生動物的世界，而我發現，這個世界是極爲豐富多姿而如今卻又危機重重的。

以台灣面積之小，而所擁有野生動物的數量與種類之多，其比例是世界其他地區都要嘖嘖稱奇的；但是我們生活在這塊土地上的人們，卻似乎對大自然所賜予這麼豐富的資源視而不見，甚至趕盡殺絕，如今在台灣，絕大多數的野生動物都已面臨族群稀少或是瀕臨滅種的命運。

另外必須要提的是，因爲這個專欄，我接觸到了台灣野生動物界的許多研究學者與專家，正是因爲他們的努力與敬業，才使得近十幾年來台灣的野生動物研究，有了初步的基礎與國際地位。

說來也許難信，台灣野生動物的種類比研究野生動物的人還要多，至今尚未到達一比一的比例，我們對很多野生動物的了解仍是一片空白，這主要是因爲野生動物研究過去在台灣一直是一門冷僻的學科，少有人願意投身其間。

研究人員的不足，使得幾位野生動物界的「大老級」學者專家，日常的研究生活可用「拼命」來形容：田野調查、教學、研究報告、出國開會、指導學生……，他們的忙與壓力，不但令我印象深刻與敬佩，同時也常讓我爲了採訪必須占用他們寶貴的時間而深感不安。

要道謝與致意的人實在太多：師大呂光洋老師、王穎老師，台大郭寶章老師、周蓮香老師、楊平世老師、戴昌鳳老師，中央研究院劉小如老師，屏東技術學院裴家麒老師、林良恭老師，林試所趙榮台博士，海洋大學程一駿老師，文化大學鄭先佑老師，成功高中陳維壽老師，以及研究人員吳海音、曹先紹、梁皆得、盧道杰、盧堅富、張玉珍、陳怡君、吳幸如、杜銘章、王立言、鄭世嘉、余清金、張永仁與中華民國鳥會等。

感謝他們的協助，使我得以爲台灣的野生動物一一立傳，留下這份記錄。

目　次

小兵立大功(昆蟲)

海軍陸戰隊(兩棲・爬蟲動物)

陸上武士（哺乳動物）

台灣禽獸列傳

台灣黑熊　賞十萬

在深山看到台灣黑熊，害怕是正常的反應，興奮也是正常的反應，因爲黑熊在台灣已消失多年，因爲拍到牠的照片就能得到十萬元。

玉山國家公園管理處在年前曾經發出召集令，任何人只要拍到野生台灣黑熊的照片，就給賞金十萬元。

結果，這項懸賞令發出了幾年，不但沒有任何幸運兒奪標，甚至連在野外看過台灣黑熊的人也沒一個；不少悲觀的人說，台灣黑熊可能和台灣雲豹一樣，已經絕種了。

然而就在八十二年的八月底九月初，玉山國家公園境內傳出令人振奮的好消息：不但台灣黑熊的腳印在多處被發現，而且還有不少人親耳聽到牠的吼聲、「面對面」親眼看見了牠。

師大生物系的研究生陳怡君，就是這些見證台灣黑熊的少數幸運兒之一，不過她說：「當時大夥可都嚇死了！」他們一行人，是在玉山國家公園內做野外調查，夜宿高山小屋時，正巧碰上了這隻在追捕野山羊的台灣黑熊。

玉山國家公園的巡山員林淵源，是當時正面看到這隻台灣黑熊的人，他形容那時的感覺是：「距離好近，我和牠面對面的，只覺得牠好大。」結果大夥兒敲鍋擊盆點營火，一個晚上沒敢睡覺。

台灣黑熊是台灣唯一的熊科動物，因此備受珍視，然而從早期的研究記錄就顯示，牠的數量並不多，早年學者研究台灣黑熊的資料來源，不是熊皮就是一些頭骨或熊掌標本，只有英國博物館有一具完整的台灣黑熊標本。

台灣黑熊是台灣唯一的熊科動物，因此備受珍視。
（王忠明／攝）

台灣黑熊族群這幾十年來的急劇銳減，和原始森林砍伐、棲地被破壞與狩獵壓力，有很密切的關連。

而對台灣黑熊捕捉的威脅，有學者指出，主要是來自平地獵人，而非原住民，因爲在本省許多原住民的傳統裡，都有禁獵黑熊的禁忌，像泰雅族人相信捕殺黑熊，會招來「一命還一命」、家裡會死人的後果，布農族、太魯閣族等也都有類似捉黑熊會招來不祥的說法，所以傳統上原住民對台灣黑熊，通常是抱著敬而遠之的態度，不會刻意的去獵捕牠。

台灣黑熊重現江湖，固然是件值得高興的事，不過玉山國家公園許多巡山員也表示心中怕怕，耽心碰上黑熊會遭攻擊。對於這點，林淵源倒是胸有成竹，他是布農族，父親是族裡有名的獵人，早年常帶他入山打獵，林淵源說：「其實黑熊並不會主動攻擊人，除非牠受了傷或帶著小熊，我爸爸就常說：『在山上不必怕黑熊，我只聽過很多被山豬弄死的人，還從沒有聽過被黑熊弄死的人。』」

農民最恨野豬

台灣野豬爲了覓食，以長鼻子把農田翻得面目全非，到了發情期，牠們還「強暴」農家母豬，教農民怎能不恨？

如果把台灣野生動物作個排名，那麼經常出沒農地、翻搗農作物的野豬，一定名列農民最痛恨動物的前茅。

台灣野豬最出名的本事，就是拱地，它那比一般家豬要突出尖長許多的鼻子，就是它拱地的最大利器。野豬拱地爲了覓食，什麼樣的食物它幾乎都吃，葷素不忌，植物的地下根莖、葉、果、昆蟲、蚯蚓、農作物如甘薯、玉米等，它都來者不拒，而且愛用它那長鼻把經過的地區整個翻一遍，看起來挺像誰剛犁過地似的，但是野豬這種天性對農民而言，很可能一季的辛勞都泡湯了。

據說，在東部一些野豬經常出沒的山區裡，有的農家果園一夜之間就「田園變色」，整個農地都被野豬給蹂躪了，而有時野豬半夜成群前來，「黑暗中綠眼睛一閃一閃的」，農民嚇得根本不敢開門抵抗，只有任由野豬胡作非爲了。

野豬的另一「害」，是到了發情期，台語稱爲「瘋豬」，許多公野豬常常按捺不住，跑到養豬人家去找母家豬配對，由於野豬家豬是屬於同一種，所以可以互相交配，但是養豬人家提起這事兒，就十分憤憤然，對於自家母豬被「強暴」，生下一堆雜種豬來，眞是不知如何是好。

說來野豬爲害農家，也並不全然是野豬的錯。自從台灣光復之後，台灣人口大增，山區逐漸墾爲農田，野豬原先活動的原始山林大量改種農作物，山區的棲息地遭到破壞，野豬爲

台灣野豬爲害甚烈，但卻是人類破壞其棲息地的受害者。
（王穎研究室提供）

了覓食求生，自然被迫四處流竄，尋找生存空間。

和家豬比起來，野豬在外觀上有很大的不同，它不但有突出的長鼻與尖尖的獠牙，而且耳朵也特別小，台灣野豬並且在鼻端的兩側各有一條白紋，這是它最特殊的地方，據說泰雅族早先在面頰兩側刺青的習慣，就是仿效野豬。

除了拱地這種天性，野豬還喜歡打泥滾，研究野豬的師大生物系助理吳幸如說，野豬沒有汗線，十分怕熱，所以一到夏天，經常利用山澗附近的溼地，在泥濘中翻騰打滾，全身沾滿了泥巴，這種嬉戲一方面有沖涼的功能，同時也可藉機弄掉身上的寄生蟲，所以只要野豬出沒的地方，通常會形成一些小水池或沼地，這也成了野豬活動頻繁的一個指標。

獵殺野豬　英雄本色？

野豬對人有罕見的蠻力，對農作物有可恨的破壞力，於是，早年原住民視獵殺野豬者爲英雄，近年，連平地人也加入「爲民除害」的打獵消遣。

在台灣的野生動物裡，野豬可能是被獵捕率最高的一種，早期它是原住民重要的食物來源，後來因爲它的爲害農作物行爲，打著「爲民除害」招牌的獵殺野豬活動，也就應運而生。

在原住民的文化傳統中，有許多和野豬相關的傳說。由於野豬是一種很凶猛的動物，原住民把能獵到野豬的人視爲英雄，代表他具有無比的勇氣及精純的技術，才能與野豬搏鬥並征服之；而且，獵到野豬的人，一定會把野豬的牙齒取下，掛在項鍊上或是裝在頭飾上，以炫耀自己的威猛，這種現象幾乎每一族都有。

台灣民間還有「一豬二虎三狗熊」的說法，顯示打到老虎、狗熊算不上英雄，只有打到野豬才是眞正有本事。

據許多獵過野豬的原住民說，野豬十分敏感，尤其它的嗅覺特別靈，陷阱吊索一沾上人的氣味，野豬立刻躲得遠遠的，一步也不靠近；野豬還有一股罕見的蠻力，受了傷的野豬更是像發狂似的橫衝直撞，被它碰上不死也會重傷，在原住民獵捕野豬的過程中，就不乏人被撞得昏迷不醒、狗被撞死的例子。

在以往，野豬的肉雖然是原住民很重要的食物之一，但是原住民對於獵野豬也是有一套規範約束，而非趕盡殺絕式的濫捕。許多原住民都有限制獵捕野豬數量的禁忌，並且認爲超過數量的獵捕，會給自己及家人帶來惡運不幸，這種對野生動物的限量捕捉，其實正是原住民對自然資源永續使用的一種方式。

近二、三十年來，另一種打著「爲民除害」招牌的娛樂式獵殺野豬活動，慢慢多了起來。這種以打獵爲消遣娛樂的活動，成員都是平地人，而且大半社經地位相當高，他們由狩獵協會的人帶領，周末假日入山獵野豬，浩浩蕩蕩一大群人，並且還帶

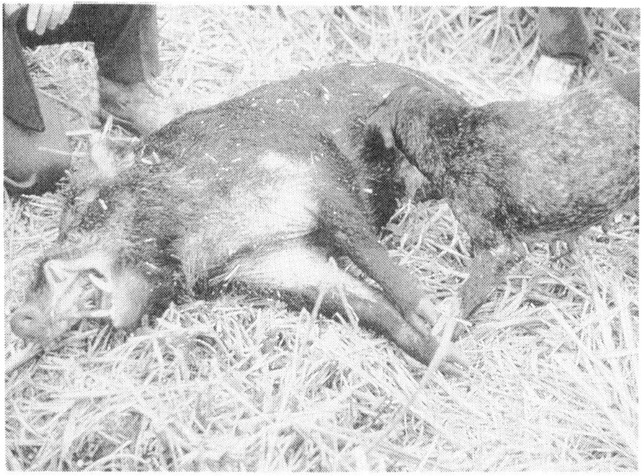

兇惡的山豬，成爲獵人獵殺的對象。（趙榮台／攝）

上專人飼養的獵狗，有的團體還有獸醫隨行，以爲受傷的獵狗治療。

據這些業餘玩票獵人透露，帶上山抓野豬的獵狗，都是專門訓練來對付野豬的，它們是獵人最得力的助手，不但能搜索找到野豬的蹤跡，並且負責把野豬驅趕到獵人面前或陷阱附近；一條好的獵狗，必須具有和野豬糾纏的能力，但非攻擊的能力，因爲攻擊性太強的狗很容易被野豬弄傷，能夠和野豬保持若即若離，控制野豬的行動，但卻不去碰它，等待主人前來擊殺的獵狗，才是獵人眼裡的好狗。

野豬到底可不可以獵殺？這一直是一個爭議性的話題，在野豬棲息地被破壞縮小、野豬四處流竄尋找新的代用食物、以及強大的獵捕壓力等惡性循環之下，已經使得台灣野豬的數量劇減，並且據調查顯示，多數的野豬尙未成年就已被獵殺，代表狩獵的壓力太大，野豬根本來不及長成，這將使得野豬的族群日益減少，很難恢復。

但是每年農作物收成之際，野豬出沒對於農家的爲害，卻也是不爭的事實，如何有效的處理這個兩難的局面，的確是野生動物保育單位要面對的一個課題。

獵人瞄準山羌

羌肉可吃，羌頭做標本，羌角是印材，羌皮是皮革，羌血也有人買……平地人對山羌細密的規劃，讓山羌的獵捕量大大提高。

在台灣許多原住民的家中，一走進去最令人印象深刻的東西，也許就是那懸掛在牆上的成排獸骨獸齒與鹿角了，這些狩獵的戰利品，正代表了原住民豐富的狩獵文化與傳統生活方式。

而這些獸骨獸齒與鹿角中，有很大的比例是屬於山羌——這個台灣獵人最中意的野生動物。許多原住民獵人一直到今天，仍然有保存山羌下顎骨的習俗，而往往經過數十年的狩獵累積，有的獵人甚至能有好幾百個山羌的下顎骨，懸掛在自己的家屋裡，做爲自己狩獵成績的展示。

山羌，這個屬於台灣本土三種鹿科動物（另外兩種是梅花鹿與水鹿）中體型最小、目前數量最多的野生動物，在傳統上一直是原住民的主要狩獵對象之一，也是過去原住民很重要的食物來源，從有些原住民族有習慣將獵得的山羌下顎骨「葬」在祭拜神祉之處的行爲，可以看出山羌在原住民的生活中，所受到的重視。

屏東技術學院森林系的裴家麒博士，長期研究山羌，他認爲原住民這種「善待」被獵山羌的風俗，至少有兩種作用，一是安撫被獵殺、被食用的動物的靈魂，避免被該動物報復，一是希望這些被「安撫」的動物靈魂，日後能夠保祐狩獵的成功與未來動物資源的源源不絕。

正是由於原住民獵人這種對超自然力的敬畏態度，節制了他們狩獵的數量，不致流於濫捕，因爲浪費與非必要的獵殺，也是會褻瀆靈魂和神明的，所以雖然山羌一直長期被追殺獵捕，但是族群始終維持一個穩定的數量，沒有瀕臨絕種的壓力。

這種情況一直到平地人也介入山羌市場後，才使得山羌的獵捕壓力急劇的增加，族群數量也明顯的驟減。師大生物系的教授王穎，七

原住民家中裝飾的山羌下顎骨與鹿角。(陳佩周／攝)

年前曾經連續三年對全省的山產店進行調查，結果發現山羌的銷售量在所有的野生動物中居冠，幾乎占台灣山產交易總額的一半，據估計全省消費之山羌數量一年超過兩萬頭。

山羌對於原住民而言，主要是食肉，但是對平地人來說，山羌的經濟價值更高，羌肉可吃、羌頭可做標本、羌角是印材、羌皮是品質極佳的皮革、甚至羌血也有市場。

平地人對山羌市場的需求大增，使得傳統原住民的那套狩獵規範蕩然無存，山羌不再是必要性的肉食來源，而成爲他們重要的經濟收入，無怪乎，在所有野生動物中，台灣獵人對獵捕山羌的喜好順序，遠大於其他野生動物。

雖然比起它的同門兄弟像水鹿或梅花鹿來，山羌的繁殖力、生育比例都較占優勢，這也是它爲何能夠歷經台灣兩、三百年的獵捕壓力仍倖存下來的原因，但是在目前山羌的獵捕量已超過山羌族群的「可忍受收穫量」的情形下，如果我們不速謀對策，台灣山羌也是很有可能要步上它同門兄弟的後塵的。

台灣山羌很能生

解剖之必要；驗屍之必要；台灣山羌的生殖祕密就是因此研究方式而獲了解……

五年前，屏東技術學院的副教授裴家麒還在美國攻博士學位，他利用暑假回國進行台灣山羌生殖生物學的研究，當時他在宜蘭最大的山產批發店裡，根據獵人非法打來的四百多隻山羌，逐一記錄檢視每隻山羌的數據資料，沒想到此舉卻被一家雜誌指責爲：「從屠夫的手中分享研究資料」，裴家麒也被冠上了「冷血學者」的頭銜。

有人說，裴家麒的這次事件，首開台灣野生動物是否可以「有限度利用」的爭議。時隔五年，這個爭議仍無定論，但是已經拿到博士學位的裴家麒，如今已成爲國內研究山羌的少數專家，卻有他自己的看法。

裴家麒表示，研究野生動物有很多方法，解剖驗屍只是其中的一種，雖然這種方式對動物造成直接的殺害，但是在某些研究上卻是「必要性的」，譬如山羌的生殖。

裴家麒指出，從對山羌卵巢、睪丸等生殖系統的解剖，我們才能知道台灣山羌是屬於繁殖力很高的一種動物，遠超過其他的鹿科動物像水鹿、梅花鹿。雌山羌大約五個月大就開始排卵，性成熟之後且終生排卵，具有生育力，同時成年母羌的受孕率幾乎百分之百，並且在產子後極短的時間內即可再受孕；而從雄羌的睪丸切片也得知，七個月大的雄羌就達到性成熟，開始製造精子，並且全年睪丸內都可發現成熟的精子，顯示雄羌全年都具有生殖能力，這與其他的鹿種在絨角階段是不製造精子且無生殖力，有很大的不同。

除了生殖方面的資料，對山羌的解剖驗屍還提供了許多寶貴的資料，像：山羌的胎生數、何時是繁殖季節、體骼大小、山羌族群的社會結構、山羌的食性如何、常見疾病爲何等等，裴家麒說：「這些都必須透過解剖的方式，才能獲得了解的。」

無可取代性，正是使用解剖方法來研究動物的決定因素之一。另外，裴家麒說，動物族群數量的多寡，也是在使用解剖方法時必須考慮的因素，如果一個野生動物已經瀕臨絕種邊緣，當然不宜再用會使族群數量更少的解剖方

台灣山羌的生殖能力，遠超過其他鹿科動物。（師大生物研究所提供）

式了。

雖然有些較激進的保育人士認爲，凡是對動物本身無益的任何利用行爲，都是應該禁止的，但是事實上，許多對動物本身的認識與了解，也的確必須靠著動物本身的犧牲才能達到，問題的關鍵在於犧牲是否必要？是否有其價值？

台灣山羌一直是山產市場上極受歡迎的野生動物，非法打獵的壓力也不曾稍緩，爲了紓解山羌族群減少甚至瀕臨絕種的危機，也有人嚐試人工圈養繁殖，但是並不成功，目前有關單位對山羌保育經營管理的策略，有相當大部分是取決於山羌本身的繁殖力，而我們對台灣山羌繁殖力的基本了解，正是仰賴當年裴家麒所採集到的數據資料。

野山羊屎有玄機

動物每天吃多少、排泄多少，都有定量，因此不難從其排遺物，估算族群數量。而唯一本土原產的「台灣長鬃山羊」，正有數量銳減之勢。

六年前，師大生物系的研究生黃郁文，在玉山收集他的碩士論文資料，他每天的主要工作，十分令人不解的，是滿山遍野的尋找野山羊的屎，找到了就如獲至寶的用塑膠袋裝起來帶走，到了晚上，稱每堆羊屎的重量並作記錄，是黃郁文睡前的例行公事。

野山羊屎裡到底有些什麼寶貝，讓這些研究人員如醉如癡？當然有！師大生物系的教授呂光洋說，除了可以知道野山羊平常吃些什麼之外，野山羊的屎還可以讓我們大約了解野山羊的族群數量。

呂光洋表示，動物每天吃多少東西、排洩多少，都有定量，因此如果一個地區環境因子正常穩定的話，從動物的排遺物就可以估算出其族群的數目來。

野山羊，正式的名稱是「台灣長鬃山羊」，根據調查，牠的族群數量已經越來越少，介於水鹿和山羌之間，而台灣水鹿已有瀕臨絕種之危，很難說野山羊會不會是下一個？

在台灣，我們一般看得到的山羊和綿羊，都是從外國引進而且經過馴化的羊，只有台灣長鬃山羊是唯一眞正台灣原產的野山羊，而且全世界也就只有兩種長鬃山羊：日本長鬃山羊和蘇門答臘長鬃山羊，其中日本長鬃山羊和我們的台灣長鬃山羊是同門兄弟，只不過前者的毛長些、顏色淡些。

對長鬃山羊頗有研究的呂光洋說，長鬃山羊大多棲息在森林、草原、峭壁的邊緣地帶，尤其喜歡出沒於陡峭的懸崖附近，呂光洋就曾經在日本的一個幾近九十度角的峭壁上，看到

長鬃山羊喜歡出沒在森林、草原、峭壁的邊緣。
（呂光洋／攝）

一隻長鬃山羊站在上面。

呂光洋表示，長鬃山羊的蹄腳構造特殊，腳掌肉墊具有類似吸盤的功能，可以牢牢的抓住地面，所以即使在很陡峭傾斜的地方，也不會有失足之虞，呂光洋說：「我們不必爲牠耽心，如果牠會摔下來，牠就不叫長鬃山羊了。」

台灣長鬃山羊的數量，近年來銳減，這除了牠棲息地的被破壞之外，和台灣獵人日益精進的獵捕技術很有關係。

呂光洋說，在以往，獵人使用的狩獵方法相當原始，追趕射殺之外，陷阱的製作也很粗糙，對於野生動物族群的威脅有限，但是如今陷阱的花樣百出，並且密度很高，遍布動物出沒的路徑區域，讓動物根本無所遁逃，呂光洋指出，有時這些陷阱多到連獵人都記不得，忘記去查看，以致於誤中陷阱的動物活活受傷致死、甚至腐爛。

台灣獵人這種趕盡殺絕式的獵捕方法，對所有的野生動物都是莫大的威脅，但是對類似台灣長鬃山羊這種繁殖力並不高的動物而言，這種威脅更是牠們族群生死存亡的關鍵因素。

台灣獼猴　台灣獨有

台灣獼猴是台灣才有的特有種，牠的適應力強，繁殖力高；在野生動物保育法實施及國家公園成立後，對其族群的恢復與保護，應有很大的幫助。

外國人對中國人的刻板印象之一，就是中國人吃猴腦，這對於認爲猴子近似人類的西方人而言，尤其不可思議。

台灣人吃猴腦的情形是否普遍，缺乏實際調查數據，不過中藥鋪裡有賣猴骨猴膏，確是實情。

而台灣在民國七十八年野生動物保育法設立之前，據來台灣研究獼猴的外國學者曾估計，台灣獼猴每年被獵捕的數量在一千到兩千隻之間，除了食用之外，最主要是獵捕小猴子，以供寵物飼養的買賣交易。

據一些曾與獵人有過接觸的野生動物學者表示，台灣獵人捕猴的手段是相當殘忍的，為了獵捕比較容易馴養的幼猴，這些對猴子生態十分清楚的獵人，通常是選擇每年獼猴的繁殖季節來獵捕，尤有甚者，甚至專挑即將臨盆的懷孕母猴，獵殺之後取其已成熟的嬰幼猴，因為「這種幼猴最好馴養、身價最高！」

而且據說，有的獵人為了馴化捕來的獼猴，會用茶餵牠，如此一來，即使牠逃跑掉，也跑不遠，非回來找茶喝不可。

當年獵捕獼猴的壓力如此大，以致於許多來台灣調查的國外學者都認為，台灣特有種的台灣獼猴已經瀕臨絕種邊緣，再加上過去許多獼猴出沒的地區，由於土地道路的開發，也越來越難見到猴蹤，更加強化了他們的這種看法。

但是台灣獼猴是否眞的已經快要絕種了呢？從這幾年來，台灣學者開始對台灣獼猴展開的一連串調查研究看來，答案似乎是否定的。

中央研究院動物研究所助理研究員吳海音，是最早對台灣獼猴進行學術研究的人，她曾經連續五年的時間，在墾丁及玉山地區，長期的野外觀察獼猴的活動

台灣獼猴是台灣才有的特有種，十分珍貴。
（丁宗泉／攝）

行爲。對於台灣獼猴的族群現況，吳海音表示，雖然很難有實際的統計數字，但是以她的觀察瞭解，台灣獼猴是一種適應力很強、繁殖力很高的動物，在完全無人爲干擾的情形下，牠的族群增長速度相當可觀，一兩年內就可以呈倍數成長。

吳海音認爲，雖然過去台灣獼猴的獵捕壓力曾經很大，但是野生動物保育法實施及國家公園成立後，對牠族群的恢復與保護，應該有相當大的幫助；這兩年，全省各地不時傳出台灣獼猴的新聞，登山客也常會在山裡看到牠的身影，可爲明證。

不過，如今台灣獼猴的數量雖然不致於到瀕臨絕種的地步，卻也絕不表示我們就可以再度獵捕或「利用」牠，因爲就物種的角度而言，台灣獼猴是台灣才有的特有種，雖然並不「稀有」了，但是卻十分珍貴。

更何況，在台灣，就只有兩類靈長類的動物，一個是人，另一個就是台灣獼猴了，我們怎能不彼此珍惜呢？

獼猴也有白子

白猴，是因爲基因突變所導致的白化症，就像人類也有「白子」一樣，是一種很正常的現象。

研究獼猴的人，或多或少都看過或聽過白猴子，不過大部分看到的白猴子，都是被捕捉、關在籠子裡的，很少有人在野外見到白猴的蹤影，有人說，這是因爲白猴稀有，被獵人視爲珍奇之物，因此見到了就要抓。

但是也有另一種說法，那就是白猴的活力、適應力比較差，因此在野外也不易存活下來。台灣特有生物研究中心助理研究員盧堅富長期研究台灣獼猴，他表示，其實白猴的產生，是因爲基因突變所導致的白化症，在所有的物種身上都可能發生，就像我們人類也有「白子」一樣，是一種很正常的現象。

盧堅富說，由於白猴在野外出現的比例極低，因此對於牠的生活史以及被其他猴群接納的狀況，很難進行研究，至今仍是一片未知。

不過對於研究獼猴的人來說，白猴只是整個研究領域中很小的一項，而一般獼猴的族群行爲，才是研究者更關心的課題。

盧堅富曾經在玉山、太魯閣、陽明山等地，長期觀察台灣獼猴，他說，獼猴是屬於群居的動物，通常一群數量在十隻左右的獼猴群，是由一隻公猴與數隻母猴和小猴所組成，一旦族群內的小猴長成，母的會被留下，但是公的就會被趕出去，自立門戶。盧堅富說，這種分支有幾個目的，一來可避免族群內近親交配，二來爲訓練公猴獨立自主的能力。

在山區野外，有時可見到單獨一隻公猴的情形，盧堅富說，這種被其他族群排斥的「孤

白猴就像人類的白子，是一種基因突變的現象。
（蔡雅妮／攝）

猴」，通常死亡率都比較高，牠們不是被鬥敗找不到族群可歸者，就是被人半途野放、不爲野生猴群所接納者。

比起台灣其他的野生動物來，台灣獼猴可以算是較幸運的，學術界對牠的研究比其他動物要多，而一般社會大衆對牠的關注也較大，這使得台灣獼猴早先被獵捕威脅的族群數量，如今已經恢復得相當迅速。

不過，這並不表示台灣獼猴未來的命運是極端樂觀的，盧堅富表示，如果台灣人對保育的觀念不改變，仍舊停留在經濟掛帥、人類優先的地步，繼續濫墾濫建、破壞自然棲息地，那麼台灣獼猴的保育做得再好，仍是惘然，因爲「沒有棲息地，就是沒有家，沒有了家，怎麼活得下去呢？」，台灣獼猴的滅絕消失，比起其他的野生動物，只不過是晚一步罷了。

梅花鹿重現江湖

梅花鹿的繁殖適應力強，外國在引進之後，均能成功地存活下來，甚至有與當地鹿種競爭的情形；但在台灣，若非當年人爲過度的獵捕……

不過兩、三百年前，台灣西部海岸的平原上，曾經到處是梅花鹿的蹤影，當年光是荷蘭人每年從台灣出口的鹿皮數量，就高達十二萬張，而由當時的一些記錄看來，冬季居民趕鹿於陷坑捕鹿，三個月內就能捕獲兩萬餘頭，在在可見早期台灣「萬鹿奔騰」的盛況。

可是也不過就這短短的兩百多年，台灣野生的梅花鹿就由盛而衰，走向了滅絕之路，據調查，台灣最後一隻野生梅花鹿是在民國五十八年絕跡的。

師大生物系教授王穎說，台灣野生梅花鹿的滅種，顯見了人爲捕捉力量的可怕，因爲以梅花鹿這種適應力極強、對環境要求不高的野生動物而言，若非強大的獵捕壓力，絕不致於走上消失一途。

對於台灣的原住民或是後來的移民而言，梅花鹿都是一種經濟價値極高的動物，牠的全身上下從鹿皮、鹿茸、鹿肉到鹿血、鹿骨、鹿鞭，無一不可供人利用，但也正是這些經濟價値，導致台灣人的過度捕殺，使得梅花鹿的族群惹上滅種之災。

梅花鹿只有亞洲才有，台灣的梅花鹿是台灣特有種，在亞洲十三種梅花鹿中，算是體型比較大的；梅花鹿的適應力很高，草多的地方牠以草爲主食，樹多的地方牠就以樹葉及嫩芽爲主食。

王穎表示，梅花鹿雖然是亞洲地區的特產，但是如今歐美世界各地都有牠的足跡，這是因爲牠繁殖適應力佳，各國引進後都成功地存活下來，甚至有與當地鹿種競爭的情形，像美

台灣梅花鹿在野外已絕種多年。(聯合報資料室提供)

國東海岸在一九二三年時曾引進四頭梅花鹿，到了一九八四年數量已經增加到一千多頭，對當地的白尾鹿都造成威脅；由此可見，若無大量天敵或人爲迫害，梅花鹿在野外的族群應該是增加很快的。

台灣從十年前，開始進行野外梅花鹿復育計劃。這項計劃的主持人之一王穎教授說，選擇梅花鹿，是因爲牠曾經在台灣的生態系中扮演了一個主要的角色，而且以台灣的環境來說，若非當年人爲過度的獵捕，梅花鹿是不致於走上絕種的路的，當然，另外還有一個重要的原因則是：「台灣沒有理由沒有野生梅花鹿！」

王穎說：「只要稍微用點心，台灣梅花鹿的野外族群應該是可以恢復過來的。」這點心，包括了復育計劃人員的努力，以及外在人爲因素的配合——不獵捕梅花鹿、給牠一個喘息活口的生存機會，那麼，即使當年先民時代萬鹿奔騰的景象不復可見，至少我們下一代的子孫，是可以看到台灣山林間鹿群活躍的自然美景的。

台灣野兔跑在軍機場

或許是兔子太「平凡」了，很少有人研究台灣野兔。台灣野兔和家兔、白兔大不相同，分布在全台各地。有趣的是，軍用機場是牠最常出沒的地方……

台灣野兔是台灣唯一的兔科動物，但是台灣對牠的學術研究卻很貧乏。師大生物系的研究生陳宜隆，兩年前以「台灣野兔的初步生態調查」爲題進行碩士論文的研究，這是台灣第一份對野兔的正式學術報告。

師大生物系教授呂光洋說，也許是因爲兔子太「平凡」了，沒有黑熊、獼猴來得吸引人，因此不受人重視，連早期對台灣野生動物進行廣泛調查的日本學者，也沒有人做野兔的研究。

但是台灣野兔卻和一般人熟知的兔子不大相同，平常人家裡所養的家兔、白兔，都是由國外進口馴化的品種，和台灣野兔土生土長的純野種不一樣；而台灣野兔外形比較小，毛色是灰灰黃黃，像枯草般，至於牠吃什麼東西、一年生幾胎、每胎生幾隻等這類最基本的生態資料，因爲一直無人研究，所以至今尚不清楚。

陳宜隆的研究，就是從最基本的野兔生態做起，他長期在野外觀察記錄野兔，並且收集野兔拉的屎，以了解野兔的分布區域與牠在整個生態系中所扮演的角色。

爲什麼要用兔屎來做研究？呂光洋表示，有時在野外要觀察動物不容易，但是從動物留下的排遺卻可以了解很多事情，像牠吃什麼？健不健康？消化力如何？年齡大小？是公是母？這些資料，糞便都可以透露出來，所以國外甚至有專門的「糞便學」來研究動物生態。

呂光洋說，從台灣野兔的排遺，我們知道其糞生菌的種類，而這些糞生菌能夠分解有機物，重回土壤中，對生態的平衡具有重要功能。

至於台灣野兔的分布，從平地到海拔兩千公尺都有，可以說相當廣泛；有趣的是，在全省野兔出沒的地方中，軍用機場由於範圍遼闊、與外界隔絕，竟然意外成了保育野兔的最佳場所。

目前在夏威夷大學任教的動物學者于宏燦，當兵時在台南軍機場服役，

台灣野兔比起家兔、白兔，外形小，毛色灰黃似枯草。（謝淳仁／攝）

他就記得當年機場內野兔不少，還有人專門定期去獵兔，以維護跑道安全，常常一趟下來可打個十來隻野兔，可見其數量不少。

這種情形在其他幾個大軍機場像屏東機場、台中清泉崗機場，也屢見不鮮，許多飛行員都表示常在機場內看到野兔出沒；而據說幾十年前，台中清泉崗機場還是不少高官公子的最佳打獵區呢。

台灣野兔雖然繁殖力很高，但是在台灣各棲息地受破壞、人爲獵捕的情形下，也開始有生存的危機出現，如果我們對牠的研究再不加快腳步，很可能將來有一天，在我們對牠的了解還不澈底之前，牠就已經從地球上消失了。

黃鼠狼　鬼精靈

黃鼠狼不但吃雞，還吃鳥、蛇、蜥蜴、昆蟲……至於大上它幾倍的山羊、山羌，一旦誤中陷阱，牠也是照吃不誤。

中國人有句俗話：「黃鼠狼給雞拜年，沒安好心。」不但點明了黃鼠狼的刁鑽本性，也指出了牠的食性。

師大生物系教授呂光洋師生，爲了瞭解黃鼠狼吃什麼，曾經全省到處收集黃鼠狼的糞便，來做分析。結果在近三百堆的黃鼠狼糞便中，他們發現，有九成以上的毛髮、骨骼、牙齒等殘餘物，是屬於鼠類，其他一成不到則包括了鳥、蛇、蜥蜴、昆蟲等動物。

由此可見，黃鼠狼是一種純肉食性的動物，而且喜好小型哺乳動物。不過，根據一些常在山區活動的獵人表示，黃鼠狼對比牠身軀大上好幾倍的動物也有興趣，只要有機會，像是誤中陷阱的山羊、山羌，牠都不會放過，甚至有時這些動物還未死去，黃鼠狼就已經迫不及待的要「進餐」了。

黃鼠狼在台灣民間有另外一個綽號「竹筒貓」，可見牠身材的纖細瘦長。呂光洋說，黃鼠狼這種體型，讓牠能夠非常靈活的在森林草原地帶鑽來鑽去的覓食，也很適合鑽洞，尋找各種鼠類。

黃鼠狼的身長不過二、三十公分左右，十分嬌小，但是牠的凶猛爆發力，卻讓人不能小看，牠不但會咬人，還會咆哮嚇敵，而且最令人「佩服」的地方是，牠完全不怕人，和一般野生動物很不一樣。

呂光洋說，有時在山區裡紮營的地方，黃鼠狼都會跑來找東西吃，大搖大擺的，一點也

黃鼠狼身長不過二三十公分，卻有兇猛的爆發力。
（呂光洋／攝）

不膽怯，甚至還會和人搶食呢。

在台灣，黃鼠狼的分布範圍很廣，從平地到高海拔的山區，都有牠的蹤跡，連終年天寒地凍的玉山頂峰，也常見到牠在雪地裡出沒。

比起其他的野生動物來，黃鼠狼在台灣的族群數量尚稱穩定，沒有太大的獵捕壓力，這主要是因爲牠沒什麼利用價值，一般獵人並不喜歡抓牠。另外，黃鼠狼身上還有臭腺，會散發出一股濃臭異味來，很令人受不了，就更讓人敬而遠之了。

呂光洋表示，其實黃鼠狼在整個生態系裡，扮演很重要的角色；因爲牠主要以齧齒類的老鼠爲食物來源，因此對於野生鼠類的族群控制，有很大的貢獻，如果沒有黃鼠狼，森林裡鼠輩的猖獗爲害，可就難以想像了。

獵殺台灣穿山甲

那一身披掛的硬甲鱗片，擋得住猛獸蟲蛇，卻擋不住人類的追殺；這悲情的一甲子，台灣穿山甲跡近絕種！趕盡殺絕的獵人因而致富，大量收購的皮革商靠著屠殺成了億元戶，這是台灣經濟奇蹟的必要之惡？

提起穿山甲，現代年輕的一輩可能連看都沒有看過，更別提對它的認識有多少了。至於老一輩曾經見過穿山甲的人，現在想要再見到它的機會，可以說是很難、很難的。

穿山甲，這個外形特殊、過去曾被形容爲「滿山遍野隨處可見」的台灣野生動物，在經過了五、六十年長期持續性的強大獵捕壓力之後，如今已到了瀕臨滅種的生死存亡關頭。台灣省林業試驗所森林保護系主任趙榮台，從五年前起連續對台灣穿山甲做追蹤調查，結果發現台灣穿山甲從早期日據時代開始，就遭到人爲的獵捕利用，其間在民國五、六十年代的顚峰時期，每年獵殺穿山甲的紀錄甚至高達六萬隻。

台灣研究穿山甲的人不多，一般人對它的了解更是有限。因爲穿山甲全身披鱗甲片，許多人以爲穿山甲是和鱷魚、蜥蜴一樣的爬蟲類。

趙榮台說，穿山甲雖然有鱗甲片，但卻是胎生的哺乳動物，這點是世界上其他哺乳類動物都找不到的特點。

穿山甲以螞蟻、白蟻爲主食，因此喜歡居住在蟻群出沒的潮溼林地或洞穴中，它的行動緩慢，十分膽小，唯一保護自己的方法，就是用全身的鱗甲片，把自己捲成一棵大「松果」，任誰也無法侵犯它。

可惜穿山甲的這招自保武器，碰上人類就完全不管用了。許多曾經抓過穿山甲的人都說，穿山甲看到人不會跑，最多就地捲成一團，正好被人拎走。

穿山甲因爲吃螞蟻白蟻，競爭的對手不多，其他動物也很少去攻擊它，穿山甲唯一的大敵可以說就是人類。

中國人自古就認爲穿山甲的肉與鱗甲片，具有去毒解熱的功效；到了日據時代，日本人在台灣發展出利用穿山

穿山甲被獵殺二十多年後，已經瀕臨絕種了。
（趙榮台／攝）

甲皮製成皮包、皮鞋、皮帶的技術，可以說穿山甲全身上下都具有「利用」價値，自然成爲台灣獵人追捕的目標。

有不少人至今印象猶新，從前穿山甲多的時候，連菜市場、路邊攤都可以買到穿山甲肉或穿山甲粥，價格比豬肉大概貴個兩、三倍左右。

但是眞正導致台灣穿山甲數量銳減的主因，卻是穿山甲皮革的加工利用。

趙榮台指出，台灣穿山甲的買賣，在民國四十到六十年之間，曾有極大的市場。當時主要的穿山甲皮革商，每個月都要收購五、六千隻以上的穿山甲，才能應付市場的龐大需求。

一位不願透露姓名的皮革商說，穿山甲皮質堅韌、紋理美觀，是最高級的加工用皮，製成皮包、皮帶後，深受日本人及觀光客喜愛。

當年一只穿山甲皮包，可以賣到台幣五千元，一雙穿山甲高跟鞋，也要新台幣兩千元上下，可見其價格之昂貴。

穿山甲皮革製品售價高，自然使得穿山甲買賣市場有利可圖。據當年的皮革商表示，五〇年代顚峰時期，一隻穿山甲的收購價格大約在台幣一千到兩千元之間，視穿山甲的大小而定。

一隻穿山甲售價一千多元，當時工人每個月的工資也不過兩、三百元，抓到一隻穿山甲相當於幾個月薪水，難怪一位宜蘭的獵人說：「那陣子幾乎每一個人都在抓穿山甲。」有人因爲抓穿山甲而致富，更有皮革商因爲經手穿山甲皮革製品買賣，而躋身億萬富翁之林。

穿山甲皮革製品外銷日本、美國、澳洲，爲台灣賺取了可觀的外匯，許多皮革商業者還因此受到經濟部的績優廠商獎狀鼓勵。

然而台灣穿山甲，也就是在這個時期（民國五〇年代末期），開始走上族群大量減少的不歸路。

趙榮台說，穿山甲是胎生動物，每年僅產一子，族群增長速度緩慢，當然難以長期忍受這種空前的獵捕壓力。

到了民國六〇年代，穿山甲皮革商開始轉向進口東南亞地區的穿山甲，顯示了台灣穿山甲數量的銳減徵兆。

從許多獵人的口中，也可以得知，這段期間，台灣穿山甲數量減少的速度，是十分驚人的。

在抓穿山甲的黃金時代裡，許多職業獵人每月平均可抓到十多隻以上的穿山甲，甚至有人每天抓五隻的「超紀錄」。

到了後來，每月能抓到兩、三隻穿山甲，就算是不錯的成績，趙榮台民國七十八年的調查顯示，許多獵人「很久沒抓到穿山甲了」。

一位早期的皮革商承認：「台灣的穿山甲已經被抓到一千隻中，只剩一隻的地步。」

皮革利用是導致穿山甲迅速消失的主因，但是近年來人口增加、農地擴張，使得穿山甲的棲息地嚴重被破壞，尤其是農藥的噴灑，造成螞蟻數量的銳減，也都危及穿山甲的生存空間。

趙榮台說，穿山甲是一種非常敏感的動物，稍微沾上農藥的螞蟻都會造成它的死亡，再加上穿山甲是屬於寡食性，只吃螞蟻、白蟻，因此人工飼養非常困難。

林試所曾經嘗試人工養育穿山甲，結果發現問題重重。趙榮台說，首先面對的就是螞蟻來源不易獲得，穿山甲大約每天要吃一、兩百公克左右的螞蟻，在都市中到哪兒去找這麼多的螞蟻來餵穿山甲？

另外，離開了天然洞穴林地的穿山甲，極不適應水泥叢林的環境。並且被關起來的穿山甲大多拒食，而穿山甲的小頭構造也使人無法強迫灌食，因此到目前爲止，世界上都少有人

全身上下者有用的穿山甲，成爲獵人追殺的目標。
（趙榮台／攝）

工繁殖成功的例子。

因此不少保育學者都認爲，要保護穿山甲不致滅絕，最好的方式是保障其棲息地，讓穿山甲在其自然習慣的環境中生活。

但是繼五〇年代穿山甲皮革加工、造成穿山甲急劇消失之後，如今威脅穿山甲命運最烈的仍然是強大的獵捕行爲，只是現在的目標已從穿山甲的皮轉向了肉。

根據調查，目前台灣山產店每年交易的穿山甲數量估計在一、兩千隻左右，穿山甲肉由於稀少，每斤高達台幣一、兩千元，獵人追捕的腳步不曾稍緩。

雖然穿山甲已在民國七十八年，被農委會公告指定爲「珍貴稀有保育類野生動物」，而全面禁獵也已自民國六十一年即開始實施，但是台灣穿山甲消失的速度仍然令人心驚。

目前農委會正在考慮，是否台灣穿山甲應該列入「瀕臨滅種保育類動物」，予以加強保護。

即使連早期做穿山甲皮革加工的業者，如今看到台灣特有的穿山甲走到這種「趕盡殺絕」的田地，都不禁嘆息懊悔，但是只要山產店存在一天、追求山珍口腹之慾的人心態不改，台灣穿山甲的悲情命運就不可能轉變，它遲早有向台灣、向地球告別的一天。

穿山甲的禁忌

穿山甲由於外形奇特，因此在台灣有不少關於它的禁忌流傳民間。

譬如說，穿山甲因為是哺乳胎生動物，有兩個奶頭，所以老一輩的傳說穿山甲是未出嫁的女人投胎轉世而來，不可以隨便抓的，即使捉到了，也不可以拿去賣。

也有一種說法，認為穿山甲是土地公派來的，不能亂抓，在挖洞捕捉之前，必須先燒冥紙。

在閩南、客家、或是原住民的禁忌裡，都有「抓穿山甲的人會倒楣」的說法。

許多年前，從馬來西亞來台醫治魚鱗癬的張四妹，就有不少人相信是她的父母在懷孕時火燒一個穿山甲洞，才生出一個皮膚像穿山甲鱗甲片的孩子來。

早期的這些穿山甲禁忌，在過去確實對穿山甲的保育起了一定的作用，但是隨著社會的日趨貪婪功利，捕捉穿山甲的人也發展出了一套破解這些禁忌的做法，像是在抓穿山甲之前，先祭拜土地公與山神，以「賄賂土地公」、「慰勞山神好兄弟」、或「保佑能抓到穿山甲」。

傳統禁忌的瓦解，代表了人們對於大自然不再存有任何畏懼，也預示了穿山甲無可逃避的悲劇命運。

小可愛變成大壞蛋

人類總是輕率地想改變生態，尋求短線的經濟利益，當心大自然總有「算總帳」的一天。

日據時代，日本人看到台灣的赤腹松鼠小巧可愛，興起了引進日本作爲公園、動物園觀賞性動物的念頭，於是一百隻台灣松鼠就這樣到了日本，沒想到後來關東大地震，五、六十隻台灣松鼠逃出了籠子，不到幾年之間就繁殖了一萬多隻後代，而且更嚴重的是，這批台灣松鼠侵入伊豆，啃食破壞當地的經濟作物油茶，造成很大的傷害，這是世界上有關松鼠爲害的最早案例。

日本的這次松鼠之痛，一來說明了赤腹松鼠是一種適應力極強的動物，到任何新環境都可以立刻改變舊習、配合新居，找到生存發展之道；二來也顯示出，赤腹松鼠可不像它外表那麼可愛無邪，當它發飆時，其威力是不能小看的。

研究松鼠三十多年的台大森林系教授郭寶章說：「台灣赤腹松鼠是世界上三百多種松鼠中，最強悍、爲害樹木最嚴重的一種。」

台灣林業界早已深受其害，苦不堪言，每年花在松鼠防治與研究上的經費，不知有多少，放毒餌、設陷阱，甚至早期還實施過獎勵捕殺，一條松鼠尾巴可換五塊錢，但是成效都不彰，林業單位仍然對它莫可奈何。

赤腹松鼠對林木的危害，主要在剝啃樹皮，凡是被它侵襲到的林地，放眼一片紅褐枯黃；在經濟價值高的柳杉、香杉、肖楠等人造針葉林裡，赤腹松鼠橫行肆虐，結果慘不忍睹，柳杉的頂芽被咬斷、停止生長，樹皮被大片撕裂、傷口無法癒合、細菌感染、樹木腐朽，損失難以估計。
然而眞正追究起來，赤腹松鼠如今成爲台灣林業的大害，完全是被迫的。郭寶章說，在日據時代，台灣松鼠也有爲害林木的情形，但是並不厲害，台灣林業眞正遭到松鼠的嚴重破壞，是從民國五十四年以後開始的，並且自此年復一年日趨劇烈，而民國五十四年正是台灣

台灣林業政策的改變，迫使赤腹松鼠不得不改變食性。　（陳一銘／攝）

林相開始變更轉型的一年。

台灣原本的原始林，主要是天然闊葉林，但自民國五十四年林業政策改變，大量砍伐闊葉林，代之以單一樹種爲主的人造林（主要是針葉樹）。這種情形造成松鼠傳統覓食棲息地的劇變，過去原始闊葉林中多樣性的食物消失了，人造林的單一性迫使松鼠不得不改變食性，適應新環境，以剝啃樹皮來裹腹。

郭寶章表示，生物的多樣性，是一個自然環境安定與否的主要因素，單一的人造林對環境的負荷力低，不足以維持其中生物的平衡與密度，使松鼠在缺乏其他食物來源之下，不得不啃食樹皮；另外，再加上原始闊葉林原本有的一個平衡的生態系也被破壞了，松鼠的天敵像蛇、黃鼠狼、鷹等都因此消失，這也是造成赤腹松鼠族群過於龐大的原因。

台灣赤腹松鼠從小可愛變成大禍害，其實給了當初輕率改變大自然原貌的林業單位，一個刻骨銘心的教訓。

當松鼠戴上無線電

台北植物園內的幾隻赤腹松鼠，被研究人員戴上了無線電追蹤器頸圈，扣上了辨識用的「耳標」，爲的是追蹤爲害台灣林業的松鼠，最愛吃什麼，往後好制牠……

台北植物園的常客可能還有印象，前年一年裡，植物園內不少常見的赤腹松鼠，突然之間都戴上了「項鍊」、「耳環」，有的「項鍊」上還有一根小天線，看起來很像「外星松鼠」，而且更令人狐疑的是，不少年輕人也拿著類似大哥大的東西，天天在植物園裡到處追這些「外星松鼠」，有些遊客質問：「你們是不是在電松鼠啊？」

這群年輕人都是林業試驗所的助理，他們可不會電松鼠，他們正在做的，是一項很重要的研究計畫，就是利用無線電追蹤器來觀察松鼠，找出他們最愛吃什麼東西來。

這個計畫的原始構想人是林試所森林保護系的主任趙榮台博士，他曾經到英國去專門學無線電追蹤法來研究動物的行爲，回到台灣他正想找機會來學以致用一番，恰巧赤腹松鼠是台灣林業的大害，每年林木的受害面積十分廣大，很令林業界頭痛，但又一直找不出好法子來對付，趙榮台靈機一動，想到如果能夠找出松鼠最愛吃的樹種來，不是就可以解決這個問題嗎?於是台北植物園裡的松鼠，就成了他第一個實驗的對象。

選擇台北植物園也是有原因的，一來它範圍小好追蹤觀察，二來它樹木種類特多，能夠在自然的狀況下提供松鼠最大的取食選擇。

趙榮台和他的助理在植物園裡抓了十四隻松鼠，替它們戴上無線電追蹤器頸圈，還在耳朵上扣上「耳標」作辨識記號，然後把這一群裝備齊全的「松鼠戰士」放回植物園去，之後就開始了他們長達一年的追蹤觀察生涯。

助理陳一銘表示，追蹤觀察包括了密集與非密集兩種，密集時得每十分鐘記錄一次，非密集時則是每一個小時記錄一次。整個一年的追蹤觀察過程，可不是事事如意順利的，尤其是這些野松鼠的頑皮與不合作，常常出狀況讓工作人員手忙腳亂。

譬如有一次，一隻被追蹤的松鼠跑出了植

爲了研究赤腹松鼠的飲食嗜好，台北植物園出現了一批戴「項鍊」、「耳環」的「外星松鼠」。(陳一銘／攝)

物園，追蹤它的助理到處用電波比對找它，結果發現它跑到了植物園旁的孫資政家去了，這讓附近的便衣警衛大為緊張，不知道拿個追蹤器比來比去的助理要幹什麼。其他像有些松鼠互相幫忙，把對方的頸圈咬斷扯掉、扔在樹下的情形，更是經常發生。

不過一年的追蹤記錄下來，赤腹松鼠的菜單終於逐漸現形，一切的辛苦總算有了代價。在總共一萬多次的觀察記錄統計中，趙榮台歸納出幾種植物是松鼠的最愛：沙朴、蒲葵、樟樹、雀榕、蒲桃、麵包樹、小葉桑，這些都是闊葉樹。

趙榮台說，這份台灣歷來最詳細的赤腹松鼠食物名單，對未來林業單位在防治松鼠為害方面，將有很大幫助。像在許多松鼠為害嚴重的林區內，如果能混合種上一些松鼠最愛吃的樹種，讓松鼠有另一種選擇，也許它們就不會漫無目標的到處啃食破壞林木了。

追蹤台灣蝙蝠

台灣那裡有蝙蝠？那裡藏著蝙蝠洞？蝙蝠如何出沒……這是一個潛力雄厚的研究領域。

台灣的蝙蝠，除了六〇年代駐防台灣的美軍醫療小組曾經做過些許的研究外，幾乎所有的基本資料，都來自於日據時代日本學者的分類調查結果。

這種情形一直到六年前，台大動物系的研究生盧道杰，選擇「台灣蝙蝠」做爲他碩士論文的題目時，才開始有了改善。

四十多年的空白，使得盧道杰在開始研究蝙蝠時，完全處於無頭緒的狀態，雖然台大校園裡常常可見到家蝠在黃昏時出沒，但是除此之外，盧道杰對於台灣蝙蝠的棲息生態，以及到那裡可以找到蝙蝠穴居的洞，都沒有概念。

說來慚愧，日本許多蝙蝠專家對台灣蝙蝠瞭若指掌，他們不少人每隔個幾年，就要到台灣來採集蝙蝠回去做研究，因此他們對台灣蝙蝠的棲息地及基本生態，都十分清楚，盧道杰的台灣蝙蝠入門，就是由一位日本專家原田博士領進門的。

盧道杰跟著原田博士全省跑，學到了如何找蝙蝠洞、抓蝙蝠的訣竅。

由於蝙蝠是一種新陳代謝率很高的動物，所以它對溼度的要求十分嚴格，盧道杰說：「大概溼度在百分之七十六以下的洞穴，就不可能有蝙蝠存在了。」因此凡是有水的地方像河流或溝渠附近，發現蝙蝠的機會就大增。

盧道杰和原田博士在找蝙蝠的過程中，令他印象最深刻的一次，就是有一回兩人找到了一個山區田邊的灌溉溝渠，水勢洶湧且向內急流，原田博士確信溝渠內部有蝙蝠，他看了盧道杰一眼之後，二話不說衣服也不脫就往溝裡跳，盧道杰形容自己當時膽顫心驚，但是：「也不得不硬著頭皮往下跳！」果然那個漆黑無比的溝渠洞底是一個蝙蝠穴。

盧道杰說，蝙蝠是一種視力很差的夜行性動物，全靠著牠的聲納系統發出聲波來辨別方向與外來物，但是牠這

因爲「蝠」和「福」同音，蝙蝠在台灣人眼中成了吉祥動物。（盧道杰／攝）

種聲納系統就像汽車的馬力一樣，是很耗能量的，所以也不是一天廿四小時都開著，「只有在必要時像找尋食物，牠才會打開來。」

平常白天的時候，蝙蝠關了牠的聲納系統，就倒吊在洞裡或樹上打盹睡覺，這時候如果去擾牠清夢，牠可是會發飆抗議的，盧道杰在兩年的研究日子裡，常常得一個人在蝙蝠洞裡，忍受蝙蝠聒噪的尖叫聲與閃避牠尖銳的利齒攻擊。

研究蝙蝠有其潛在的危險，國外也曾有報告記錄有人在蝙蝠洞中死亡的例子，這可能和蝙蝠洞內封閉的空間，充滿蝙蝠糞尿等化學有毒物質有關。而盧道杰自己的經驗，則是在天災變數之外，還得和蝙蝠洞四周可能出沒的蛇蟲奮戰，以及克服一個人獨處黑幽無聲洞內的恐懼感。

台灣的人對蝙蝠雖然不了解，但是因為「蝠」、「福」同音，所以將之視為一種吉祥的動物，認為家中有蝙蝠出現代表風水好，因而不大去動牠，更不會殺害牠，蝙蝠倒因此得以在台灣被保護生存了下來，盧道杰就曾經在竹東的一家老屋屋簷下，看到吊掛了五、六百隻蝙蝠的壯觀景象。

其實，蝙蝠在生態平衡上扮演著很重要的角色，尤其牠是夜行性蟲子的一大剋星，對於穩定這些甲蟲的數量有很大功勞。美國就曾有過報告，一家農場在清除了一個蝙蝠洞之後，發現他們每年必須投下難以計數的金錢來除蟲害了。

盧道杰的碩士論文，爲長久以來一直呈眞空狀態的台灣蝙蝠研究，打開了第一扇門，這個領域由於未知，所以潛力雄厚，才不過兩年前，日本的女蝙蝠專家吉行瑞子就在台灣找到了蝙蝠新種——外形優美、耳朵特長的「台灣兔耳蝠」，證明了台灣蝙蝠這個對國內學者而言十分陌生的物種，未來的研究空間是相當廣闊的。

台灣森鼠　環境汙染指標

台灣森鼠是機會主義生殖者，而且那裡都能適應、什麼都吃，環境愈汙染破壞，牠愈猖獗……

台灣森鼠做爲鑑定高山地區的汙染狀況，是一項很好的指標，因爲凡是人爲開發愈厲害、垃圾汙染愈多的地方，像人工林、登山小屋等，也就是森鼠愈猖獗的大本營。

長期研究森鼠的屏東技術學院副教授林良恭說，這是因爲台灣森鼠適應力強，什麼環境都能生存，什麼食物都吃，所以在缺少天敵制衡的人爲環境裡，特別繁衍的迅速。

台灣森鼠和我們一般在平地所見的老鼠不同，牠是屬於高海拔的高山老鼠，專門在一千兩百公尺到三千五百公尺範圍內的高山草原及森林地帶活動，牠的毛較細長密緻，呈灰褐色，尾巴特別長，是牠很重要的平衡工具，眼睛很大，看來十分靈巧的樣子。

林良恭說，台灣的老鼠有十九種，其中五種是台灣特有種，台灣森鼠就是其中之一。這些特有種的老鼠，在台灣演化的時間都非常久，而且大多是經過了冰河期後，因爲台灣高山特殊的氣候環境生態體系才得以保存下來的。

台灣森鼠的壽命不長，大概只有半年左右，但是牠卻能夠利用這短短的生命週期，盡量的繁殖下一代，平均一隻母森鼠大約一生能夠生三次，每胎四隻，且存活率很高，林良恭指出，台灣森鼠這種繁衍方式，是典型的「機會主義生殖者」，也就是說，在短短的生命週期內，盡可能的多生、快生，以增加族群的數量。

正由於台灣森鼠是「機會主義生殖者」，再加上牠的棲息地範圍廣，那裡都能適應，甚至人爲干擾嚴重的環境也不在乎，牠幾乎什麼都吃，使牠在自然界成爲一種很強勢的動物。

不過，台灣森鼠在自然界也扮演相當重要的角色，林良恭說，因爲森鼠吃植物種籽，因此成爲高山地區植物種籽的傳播者，各種植物隨著牠的移動而散布到各地去；另外，在整個生態食物鏈中，台灣森鼠也是許多肉食動物重要的食物來源。

當自然界被人爲破壞得越厲害，許多森鼠

台灣森鼠多的地方，代表了環境品質的不良。

（林良恭／攝）

的天敵像大型的肉食動物如黃鼠狼、石虎、老鷹等，也就消失滅絕的越快，而一旦森鼠的天敵不再存在，自然也就是森鼠大肆猖獗的最佳時機了，而森鼠族群的急劇增加，不僅是環境汙染的一個指標，也是對我們人類的一個危險警訊。

白鼻心　野獸變家畜

白鼻心又叫「果子狸」、「烏脚香」，保育法曾明令禁止飼養、販賣，但近年飼養、販賣白鼻心當寵物的，大有人在。

在台灣衆多的野生動物中，白鼻心無疑是近年來爭議性最大的動物之一了。問題焦點在於：白鼻心是農委會列入保育類的野生動物，飼養、繁殖、買賣、利用，都是犯法，然而在台灣北、中、南各地，白鼻心的養殖場卻日益增多，並且以營利爲目的的買賣廣告到處公然張貼，買賣交易公開進行，引起了許多保育團體的交相指責。

白鼻心是台灣特有亞種，從前額到鼻頭部分有一條白色的紋帶，因以得名，牠又因爲愛吃水果，有個「果子狸」的別名，再加上牠有腺體，能發出一種特殊氣味來驅敵，所以本省人也叫牠「烏腳香」。

長久以來，野外白鼻心的獵捕壓力就很大，這是因爲對獵人及生意人來說，白鼻心是一種「經濟價值」很高的動物。首先，白鼻心的肉可食用，而且還被視爲甚具滋補效果，而牠的油脂據說可防凍裂瘡，連牠的血、鞭、皮，都有利用價值。

但是，白鼻心近年來被商人看中，做爲繁殖圈養的對象，主要原因卻不是在於牠的「食用」價值，而是做爲一般家庭寵物的潛力。台北市立動物園推廣組的鄭世嘉，曾經調查全省白鼻心的養殖業者，結果發現有百分之五十一的白鼻心是提供寵物市場，只有二成不到是供食用的。

白鼻心外型不大，並且性情較其他野生動物溫和，很自然地，在台灣這種以爭奇鬥艷爲尙的寵物市場上，很快便成爲新歡，而且售價甚高，利潤比起「食用」來，更是高出許多，難怪業者要趨之若鶩了。

諷刺的是，保育法自民國七十八年公布以來，便明令禁止飼養、販賣、利用保育類野生動物，但是根據鄭世嘉的調查顯示，大多數的白鼻心養殖戶年資均在五年以下，且近年來有增加的趨勢，可以很明白的看出政府政策執行上的乏力。

許多業者企圖利用

白鼻心是台灣爭議性最大的野生動物之一。
（台北市立動物園提供）

「既成事實」來壓迫政府修改保育法，將白鼻心列入「可利用」的一般保育類動物，但是許多學者卻期期以爲不可。如果白鼻心開放養殖買賣，首先面臨的就是如何分辨野生白鼻心與養殖白鼻心的問題，這麼一來，很可能野外白鼻心的獵捕壓力將更大，族群滅絕的速度也將更快，在台灣一切講究野味、山產的情況下，早已有不肖業者將養殖白鼻心前腳弄斷，僞裝成野生白鼻心供食客享用的殘酷例子，未來這種野生、養殖難辨的現象，是絕對難以避免的。

白鼻心雖可愛，但是人類有沒有權利，將牠從山林中拉入家庭，從自由野獸變爲家畜寵物？這是每一個自以爲愛動物、動念想寵養白鼻心的人，所應該三思的課題。

狩獵之樂　瞄準飛鼠

飛鼠身體兩側的薄膜，使牠可以在森林裡滑翔；但是，獵人的燈光一照，牠不怕也不跑，輕易地就成了獵人的囊中物……

在松鼠科這一類的動物裡，飛鼠算是很特別的，因爲牠有一張別人都沒有的薄膜，所以牠會「飛」，能夠在森林中高來高去。

但是飛鼠的這種「飛」，嚴格說起來，並不能算是飛，而是滑翔，因爲牠只能從高處往低處下降，像降落傘一樣，卻不能像鳥一般往上飛行。

在台灣，飛鼠有三種，分別是大赤鼯鼠、白面鼯鼠、小鼯鼠，其中大赤鼯鼠與白面鼯鼠體型差不多，只不過前者是通體赤棕色的毛，後者則是面部與腹部皆爲白毛，背部爲褐色毛，至於小鼯鼠則不但體型小得多，而且在數量上也比其他兩種飛鼠要來的少。

飛鼠身體兩側的飛膜，是一種特化的器官，讓飛鼠得以不必下樹，就能在森林裡做較長距離的移動。通常飛鼠在滑翔的時候，是先爬到高樹的頂端，再由樹頂往下滑飛，技術好的幾百公尺也沒有問題，不過有時牠也會有失手的時候，像卡到了電線，或降落時沒有抓穩，都會讓牠發生意外，從空中摔下來。

曾經以飛鼠做爲碩士論文題目的台大動物系王立言說，飛鼠是一種很慵懶的動物，白天睡覺，晚上出來活動，而主要的活動也是以覓食爲主，吃完了又回去休息。

飛鼠的食性很單純，以植物的葉子爲主，其他種籽、果實、芽莖等爲副，不過和其他松鼠科的兄弟不同的是，牠是純素食主義者，不像其他松鼠有時還會吃昆蟲之類的小動物。

對於原住民而言，飛鼠可以說是他們最感熟悉的動物了，過去當原住民入山狩獵或外出

有飛膜的飛鼠，能夠在森林裡來去自如。
（王立言／攝）

耕作時，都會以飛鼠做爲食物來源，而到了現在，即使飛鼠不再是原住民的肉食來源，卻仍然是原住民休閒娛樂時的最佳狩獵對象。王立言說，這是因爲飛鼠是一種很容易被捕捉的動物，通常獵人只要用手電筒一掃，很容易就可以看到牠那兩顆發光的大眼睛，而飛鼠見了人也不怕也不跑，只會傻傻地盯著光源瞧，自然輕易的就成爲獵人的囊中物了。

雖然比起其他的野生動物來說，飛鼠算是數量相當多的一類，但是在如今原住民經常性的消遣獵殺之下，還是有潛在生存危機存在的。

空中鬥士（鳥類）

又見候鳥報到

「台灣是候鳥的天堂。」此話一點也不假。迎接候鳥季的來臨，你可知道台灣十大候鳥棲息地的特色？

十月，秋天，又是每年大批候鳥往台灣飛的季節。

台灣由於位在亞洲大陸的邊緣地帶，並且橫跨了熱帶與亞熱帶兩種氣候，因此長久以來，一直是東亞地區候鳥南北遷移的重要中途站，而且因爲台灣冬天不太寒冷，許多候鳥乾脆留下來過冬，不再繼續南下到印尼菲律賓或澳洲紐西蘭去，所以每年候鳥季一來臨，台灣各個棲息地就集結了爲數驚人的各類候鳥，有人說：「台灣是候鳥的天堂。」從地理條件上來講，的確沒錯。

平常不大注意「鳥事」的人，可能不知道當候鳥飛抵台灣、駐足棲息地時的場面有多壯觀，更難以想像全省上萬名的愛鳥者，早就裝備齊全、精神抖擻地向各個候鳥棲息地奔去，準備好好欣賞一下老友的丰姿是否依舊。

中華民國野鳥學會表示，台灣候鳥主要的棲息地約有十處，北中南各地都有，還包括澎湖群島。

這十處的候鳥棲息地，也是台灣賞鳥的主要點，而且各有不同種類的候鳥聚集，形成各自的特色：

一、台北野柳：主要是三、四月間等待西南季風以便順勢北返的陸鳥棲息地，以鶯、雀、鶲科的小型陸候鳥爲多。

二、台北華江橋：這是雁鴨科的最大聚集點，每年九月底乘風抵達，十二月至一月達到最高潮，上萬隻的小水鴨、白眉鴨、琵嘴鴨等群集於此，直到三月才北返。

三、台北關渡：這裡是候鳥剛進入北台灣時最引人的沼澤區，早期鳥類曾高達兩百種之多，近年來因環境惡化，已降至一百六十種，以鷸類爲多。

四、新竹港南：這裡是海埔新生帶，因此

十月起，又是候鳥拜訪台灣的熱季。（陳永福／攝）

成爲鷸鴴科、鷺科、雁鴨科等水鳥大群聚集覓食的理想場所，賞鳥以每年十一月及四月最精采。

五、台中彰化大肚溪口：這裡是有豐富泥灘生物的潮間帶地區，數量龐大的鷸鴴科、鷺科、雁鴨科鳥類在此停棲覓食，每年從十月至翌年五月都是賞鳥季。

六、台南曾文溪口：長久沖積形成的沙洲，造就了豐富的河口生態體系，也吸引了無數的野鳥聚集，最高潮時可達兩萬隻以上，而舉世聞名的黑面琵鷺就是在此過冬。

七、屏東龍鑾潭：鷺科、雁鴨科是本區度冬鳥類的代表，八月中抵達的鷺科爲第一波高潮，接著是紅尾伯勞、灰面鵟、赤腹鷹，以至於到十月的雁鴨，一直要到翌年六月，本區才稍得安寧。

八、屏東墾丁：位於墾丁國家公園，南下候鳥每年九月至十一月大量集結於此，準備渡海繼續南下，造成十分壯觀的場面，尤其是十月初「國慶鳥」——灰面鵟來時的盛況，更是令人難忘，許多愛鳥者每年都準時前往墾丁報到欣賞。

九、宜蘭蘭陽溪口：本區鳥類以雁鴨、鷸、鷗、鷺、鴴科爲主，三、四月是賞鳥最高峰，候鳥在跨海北返時，會在此做最後的補給。

十、澎湖群島：位在東亞鳥類遷移路線上，海域魚蝦資源豐富，吸引了大批海鳥在此繁殖，本區候鳥占九成，最佳賞鳥季是每年三月至五月，鷸、鷗、鷺、鴴換上美麗的繁殖羽，以及五月至八月，無人島上更有近四千隻燕鷗聚集的奇觀。

台灣的榮幸——黑面琵鷺

全世界只剩下不到三百隻的黑面琵鷺，其中的三分之二，每年秋冬都會飛來台灣過冬，說來眞是台灣無上的光榮。

牠的身長不到八十公分，渾身羽毛雪白，遠看有點像鷺鷥，但是牠那扁平似湯杓的長嘴，漆黑一片，接連著額頭、眼圈部分也是一片黑，使牠看來格外與衆不同，也因此讓牠獲得了一個十分浪漫的外號—「黑面舞者」。

牠，就是黑面琵鷺，全世界僅剩下不到三百隻的珍稀鳥類，而其中大約三分之二的族群每年秋冬會飛來台灣過冬，是目前已知世界上最大的一支黑面琵鷺族群。

雖然黑面琵鷺在台灣的記錄，一百年前就有了，但是一直到去年，牠才成爲全台灣的新聞焦點。

這除了因爲台灣的人突然發現，台灣竟然有幸被國際鳥界視爲珍稀、瀕臨滅絕的黑面琵鷺選擇做爲主要越冬棲息地之外，也是由於八十一年底一隻黑面琵鷺在台南曾文溪河口被射殺身亡，引起了軒然大波。

全世界只有三百隻不到的族群數量，黑面琵鷺的珍貴性不言而喻，而牠越冬的三個主要棲息地—香港、越南、台灣，其中香港和越南都已設立了保護區，只有台灣，不但尚未有任何保護措施，而且竟然發生了黑面琵鷺被槍殺的事件，難怪台灣又成爲國際保育界交相指責的對象。

根據香港觀鳥會負責人甘乃利的報告指出，黑面琵鷺是世界六種琵鷺屬鳥類中，分布範圍最狹窄的一種，目前僅知出現在北韓、香港、南中國、台灣和越南一帶的亞洲東岸，偶見於日本南部與南韓，數量都極少。

甘乃利表示，我們對黑面琵鷺的繁殖地所知甚少，族群量只能由度冬地得知，而其僅有的三個主要度冬棲地的保護，是黑面琵鷺能否繼續生存下去的主要關鍵。

黑面琵鷺到台灣的歷史，算起來起碼有一百年，最早的記錄是一

黑面琵鷺是被國際鳥界視爲珍稀且瀕臨絕種的野生動物。　　　　　　　　（野鳥學會提供）

八九三年時一位來台搜集鳥種的外國學者拉圖許所寫下的，而最近的記錄則是九年前由台南鳥會的人員，在曾文溪口處觀察發現到的。

根據台南野鳥學會所做的調查，黑面琵鷺是一種十分合群的鳥類，喜歡集體覓食，牠們在河道、淺水區、潮溝，圍成半圓形前進，一面把魚往岸邊趕，一面用牠們那杓狀的長黑嘴，不停揮動，捕捉魚蝦；作家劉克襄也曾經這麼描述黑面琵鷺的覓食情形：「牠們像一群芭蕾舞者，踩著曼妙的步伐，在潮間帶的泥沼地，半跳躍似地追趕著小魚或小蝦。」

八十一年底的槍聲，為黑面琵鷺的命運蒙上了陰影，然而更大的夢魘才正開始呢！黑面琵鷺來台灣度冬所賴以為生的主要棲息地—曾文溪河口，已被台南縣政府劃為工業區預定地，準備在這兒設置十八項高汙染工業。

毫無疑問，工業區設立之日，也就是黑面琵鷺宣告族群滅絕的時刻。目前雖然保育界仍在與台南縣政府做「拉鋸戰」，但是鳥會的人士幾乎都十分茫然，不知道黑面琵鷺下一步的命運會是如何？

難道說，台灣的榮幸竟然會成為黑面琵鷺的不幸嗎？

蘭嶼角鴞　國際矚目

只緣僅產於蘭嶼，全世界只剩兩百隻上下的蘭嶼角鴞，備受國際保育協會矚目與關切。

在台灣為數頗衆的鳥種裡，蘭嶼角鴞可以說是最受國際矚目與重視的。

世界自然資源保育聯盟將牠列入亟待保護鳥類的「紅皮書」中，國際鳥類保護組織也多次前來台灣，呼籲台灣政府重視蘭嶼角鴞的研究與保育。而蘭嶼角鴞目前的族群數量，據估計約在兩百隻上下，因爲僅產於蘭嶼，這個數目也等於世界上全部蘭嶼角鴞的數量，因此蘭嶼角鴞被認爲是世上稀有鳥類，而且是現存狀況最危險、最迫切需要保育的鳥種。

中央研究院動物研究所劉小如教授的研究室，進行蘭嶼角鴞的研究調查已長達十年，這也是國內對野生動物研究持續進行最長久的一個計畫，目前仍然保持每個月有工作人員前往蘭嶼，調查蘭嶼角鴞的現況與生態行爲。

角鴞，就是我們一般人熟知的貓頭鷹。劉小如表示，蘭嶼角鴞在一九二八年被鳥類學家發現，當時被認爲是角鴞的蘭嶼亞種，後來經學者利用叫聲的分析判定，證實牠並非角鴞的亞種，而是和琉球角鴞同屬於另一種角鴞的亞種。

蘭嶼角鴞以昆蟲爲主要食物來源，由於牠是夜行性動物，所有的活動都在晚上進行，所以對牠的研究調查工作也得日夜顚倒，在半夜裡展開。長期跟隨劉小如教授做蘭嶼角鴞田野調查的梁皆得說，夜晚用手電筒在大樹林中追蹤蘭嶼角鴞的蹤跡，有時最長得工作上八、九個小時，若非興趣支持，眞是旣辛苦又恐怖。

過去蘭嶼角鴞在蘭嶼，並沒有太大的獵捕壓力，這主要是因爲蘭嶼的雅美族人認爲牠是不祥之鳥，所以沒有捕捉牠的傳統，一向與牠和平共存。但是自從到蘭嶼的外地人逐漸增多之後，他們既無雅美人的禁忌，又帶來捕鳥的技巧，蘭嶼角鴞就面臨了被抓的噩運，根據劉小如的調查，一年之內被捕捉的蘭嶼角鴞數量高達四、五十隻，其結果不是被飼養後死掉，就是被殺來吃掉，造成

蘭嶼外地人逐漸增多後，蘭嶼角鴞就面臨了族群銳減的威脅。　（梁皆得／攝）

占整個族群百分之二十的死亡比例，這毫無疑問是導致蘭嶼角鴞數量減少的主因。

除了獵捕之外，蘭嶼角鴞也面臨著天然巢洞有限及棲息地被開發破壞的生存壓力。梁皆得表示，角鴞是不會自己做巢的鳥類，必須仰賴自然生成的樹洞來繁殖孵化下一代，如果大樹減少，天然樹洞不夠，自然對角鴞的族群續絕，有著決定性的影響，而幾乎台灣所有的角鴞，目前都面臨著相同的危機。

另外，蘭嶼的開發腳步愈來愈快，除了整片山林因爲挖採砂石而消失外，劉小如也指出，以前雅美人種芋頭、地瓜是不用農藥的，但是近年來爲了應付外地人口的需求，許多農地改種白菜、花生、芫荽等，而農藥的使用將造成昆蟲數量的銳減，對於蘭嶼角灃所賴以爲生的食物來源，勢必造成極大的威脅。

算起來，蘭嶼角鴞是幸運的，比起台灣另外十種角鴞幾乎無人聞問的狀況，蘭嶼角鴞備受學術界珍視的境遇，可以用天壤之別來形容，但是如果客觀環境不改變，蘭嶼角鴞即使再受禮遇重視，結果仍然不過是五十步笑百步，和牠的同類角鴞將有著相同的下場。

台灣猛禽　威猛不再

面臨嚴重滅種壓力的台灣猛禽，如果我們再不設法及時搶救，有一天，台灣的天空將無老鷹……

台灣雖小，又是島嶼，但是在世界猛禽分布的範圍上，卻具有相當珍貴的地位。

隨便舉幾個例子，像台灣有九種猛禽，台灣是牠們島嶼分布的北限；灰林鴞分布在歐亞大陸的北方，台灣是其分布的南限；黃魚鴞主要分布在喜馬拉雅山、中國及中南半島，台灣是其唯一棲息的島嶼；每年南遷的灰面鷲鷹與赤腹鷹，經過台灣的數量爲全世界最大的，很可能其所有族群都過台灣；另外，台灣還擁有一個島嶼特有亞種—蘭嶼角鴞。

然而，台灣這麼多寶貴的猛禽資源，這幾年卻因爲自然與人爲的雙重因素，逐漸在流失中。

中華民國鳥會接受農委會委託，長期進行台灣地區猛禽的調查。據計畫負責人林文宏指出，猛禽在生態系中，是位居食物鏈的上層，在自然界中少有天敵，因此整個族群的生存策略是採精兵主義，原本數量就少，且繁殖率低而成長慢，這樣的「精英」成長條件，在面對了要與人類競爭自然資源的情況時，很自然的隱藏了易於滅絕的不利因子。

雪上加霜的是，台灣屬於島嶼生態系，環境更加脆弱易遭破壞，人爲的迫害壓力，無疑加速了猛禽在這個島上消失的速度。

林文宏說，台灣猛禽所面臨的人爲壓力有五方面：棲地破壞、汙染毒害、干擾、獵捕、外來種威脅。

猛禽因爲領域大，對棲地的要求高，尤其對築巢點更挑剔，因此對棲地的破壞格外敏感；而近年來，台灣各地大量的使用農藥、殺蟲劑、滅鼠劑，以及各種重金屬汙染，對於肉食性的猛禽而言，這些毒素很容易經由小動物而累積，造成牠們的死亡或是生殖能力喪失。

而獵捕，可能是台灣猛禽最直接的滅絕殺手。林文宏表示，猛禽外形威武，自古人類就有飼養放鷹的傳統，至

台灣猛禽目前正面臨生死存亡的關頭。
（聯合報資料室提供）

今仍有許多人以飼養猛禽爲樂，市場需求一直不斷，對猛禽的族群造成極大的威脅壓力。

根據調查，已被農委會列入瀕臨絕種、第一級保育類猛禽的赫氏角鷹，近年來在野外幾乎已經絕跡，可是諷刺的是，在許多鳥店中，赫氏角鷹卻是出現與販賣比例最高的猛禽之一，而且從台北市政府登記的市民飼養保育類猛禽記錄中，赫氏角鷹的數量高達五十三隻，比賞鳥人士十年來在野外所見的總合還高出許多。

而像草鴞、黃魚鴞、林雕、灰林鴞等猛禽，這些年來不但在野外蹤跡渺茫，有人甚至判斷可能已經走上滅絕；以台灣目前自然環境日趨惡劣的情況下，如果我們再不設法及時搶救，終有一天，台灣的天空將再無老鷹盤旋遨翔了！

燕鷗最後的堡壘

正因爲人煙罕至，澎湖貓嶼擁有廿多種海鳥，牠們優游其間，滿天飛舞的盛況，教人嘆爲觀止。

澎湖的貓嶼，是一個無人島，也是澎湖地形最險惡的小島，孤懸海隅，風浪阻隔，全島聳立的礁岩峭壁垂直陡峻，幾乎無可登陸的岸口，再加上島上無樹無水，除了過往的漁民偶爾會在此停留，這可以說是一個人煙罕至的島嶼。

但是正由於貓嶼這種惡劣的地形環境，阻絕了人為的干擾，反而成為海鳥棲息的有利條件，再加上貓嶼附近是著名的漁場，海產資源豐富，提供了海鳥足夠的食物來源，因此幾百年來，這兒一直是中外聞名的海鳥大本營，其中又以燕鷗占絕大多數。

農委會曾就貓嶼劃為海鳥保護區的可行性，委託師大生物研究所王穎教授進行研究。

王穎表示，貓嶼雖說人煙罕至，但是仍然有人為利用的情形，據澎湖漁民透露，早期許多漁民常會上島撿蛋，一、兩個小時就可以撿到一大桶，有好幾百個；到了冬季，也會有人來貓嶼撿拾螺蚵及紫菜海帶。

而早年，更嚴重的人為干擾，應該算是海軍演習時將貓嶼作為炮轟炸射的目標，在島上都可見到槍彈殼，好在這種攻擊貓嶼的情形，在愛鳥人士幾度向軍方反應後，現在已經停止，海鳥終於獲得了長期的安寧。

貓嶼上的海鳥，有二十多種，但是以玄燕鷗與白眉燕鷗最多，其他像小燕鷗、鳳頭燕鷗、紅燕鷗等也時有所見。王穎說，燕鷗和海鷗的習性相近，但是更偏好自然的環境，不像海鷗在人為干擾很大的地方也能生活得自在悠遊。

每年夏天，就有成千上萬的燕鷗飛來澎湖貓嶼，繁殖下一代。　（王穎研究室提供）

以魚爲主食的燕鷗，是一種夏候鳥，每年夏季飛來澎湖，數量多時成千上萬，多可蔽日，牠們在此築巢孵蛋，繁殖下一代；據曾前去觀察的人士表示，每逢繁殖季來臨，貓嶼島上的岩壁，處處可見燕鷗集體營造的「鷗鳥公寓」—巢穴，密密麻麻，遍布全島。

目前貓嶼由於地形景觀特殊，已被列爲保護區，當地政府對於這個珍貴的資源也很重視，特別聘請當地老師定期前往監測觀察，並且農委會也有「一般人不得上岸」的規定。

王穎指出，貓嶼的珍貴，不僅在於它豐富的鳥資源，可說是台灣地區最好的一塊海鳥集中地，更在於它提供我們一個難得的機會，見證到大自然和諧共處的奇景，王穎說：「燕鷗滿天飛舞，傍晚出來覓食的那種盛況，眞是令人嘆爲觀止，感受到大自然的奇妙！」

台灣禽獸列傳

小兵立大功（昆蟲）

蝴蝶王國　風光二十年

儘管蝴蝶保育的問題爭議不休，但在民國五十年代石油危機發生之前，台灣「蝴蝶王國」的美譽響徹世界各地，當時一卡車一卡車的蝴蝶，全運到埔里集散地，黃金歲月時期高達三萬人以蝴蝶爲生，也爲台灣賺進不少外匯。

走在埔里的街上，給人一種很奇異的感覺，滿天的蜻蜓蝴蝶在眼前飛舞，似乎不大像「現代」的台灣城鎮，而這種情形越往埔里的鄉下走，越明顯。

可是埔里老一輩的人卻說：「現在的蝴蝶蟲子比起以前，少太多了。」他們口中的「以前」，指的是民國六十年之前，那段台灣「蝴蝶王國」名聲打響世界各地、埔里成為全台蝴蝶集散大本營的輝煌時期。

如今埔里四十歲以上的人，都還對埔里當年的蝴蝶盛況，記憶猶新。

那時候，光是埔里鎮上的蝴蝶標本商、採集店，就有近五十家之多，有的大盤商一條街連著六個店面，日夜擠滿了來自全省各地的蝴蝶中、小盤收集商人；南投縣內穿梭來往的大小車輛，大多裝載著從台灣各地捕來的蝴蝶，趕著送到埔里盤點加工，當年的一位蝴蝶商說：「有時甚至是一卡車一卡車的運來，一來就是好幾百萬隻的蝴蝶。」

不僅台灣南北各地的蝴蝶，經由各種管道匯集到了埔里，埔里境內也掀起一片蝴蝶狂潮。今年四十四歲的埔里人羅錦吉，當時不過是十幾歲的少年，他就記得當年埔里那種「男抓蝴蝶女加工」、人人參與蝴蝶業的情景。

羅錦吉說，那時埔里附近的各個溪流，每天一大早，岸邊就都擠滿了來抓蝴蝶的人，大人小孩都有，「整個河岸都是捕蝶網子！」而埔里鎮上，更是家家戶戶都在做蝴蝶的加工業，手提包、茶墊、嵌畫、信封、標本等，「外國訂單多得都來不及做呢！」當年的大盤蝴蝶出口商余清金這麼形容。

台灣的蝴蝶業，是從民國四十年代開始發跡的，最初只是從數量不多的標本做起，後來由於台灣的蝴蝶不但種類多，有三、四百種，並且特別美麗多彩，引

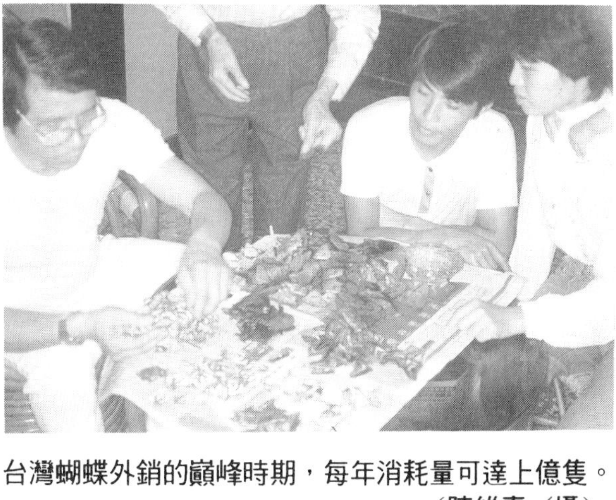

台灣蝴蝶外銷的巔峰時期，每年消耗量可達上億隻。
（陳維壽／攝）

起了國外客戶的注意，於是台灣商人開始將蝴蝶引入商業設計方面的利用，譬如推銷廣告的信封套上加裝蝴蝶標本，以吸引收件人的注意，還有將蝴蝶壓入茶墊、提包等做爲裝飾圖案，以及用蝴蝶翅膀拼貼成的風景畫等，都得到外國客戶相當熱烈的回應，外銷訂單一張接一張地湧進台灣。

台大植病系教授楊平世，曾經對當年台灣蝴蝶的被利用情形，做過一番調查。他表示，在民國五、六〇年代的顛峰時期，台灣蝴蝶每年的消耗量在一千五百萬到五億隻之間，而每年蝶類外銷銷售金額更高達三千萬美元，是當時台灣十分重要的外匯收入來源，那段期間全台灣靠蝴蝶吃飯的人口，大約有三萬人。

台灣「蝴蝶王國」的聲名，也就是在這個時期傳遍全世界的。余清金說，民國五十年左右是台灣蝴蝶外銷的黃金時期，每年光是出口到美國的蝴蝶數量就高達三、四千萬隻，可以說全世界到處都看得到台灣蝴蝶的蹤影，而日本歐美的報章雜誌也用「蝴蝶王國」來稱呼台灣。

其實比較起來，台灣蝴蝶的數量並不是全球第一的，但是因爲出口量多、名氣大，讓人以爲台灣是世界蝴蝶最多的地方，余清金就說：「那時候有的外國人來台灣，以爲一下飛機，就可以看到蝴蝶到處飛舞的景象呢！」

根據楊平世的調查報告，當年賣蝴蝶的利潤相當不錯，最便宜的淡黃粉蝶一隻大約五毛錢，每年幾千萬隻的數量，就等於幾百萬元台幣的進帳；至於較稀有蝶類像闊尾鳳蝶、珠光鳳蝶、大紫蛺蝶、綠小灰蝶等，每對身價更是高達上千元台幣。

而對於五、六〇年代的台灣人來說，抓蝴蝶是改善經濟的一個好法子。當時每天抓個五、六百隻蝴蝶的代價，大概最少可賣到四、五十塊錢，而那時普通工人一天的工資不過二、三十塊錢，難怪人人趨之若鶩。

當年全省靠蝴蝶爲生的人，除了捕蝶人、大中小盤採集商、加工女工外，還有不少退伍榮民，他們當時正值年富力壯，退伍下來無所事事，也就因緣際會的加入了台灣這股蝴蝶熱潮之中，替採集商到處抓蝴蝶，爲五、六〇年代的台灣出口經濟奇蹟略盡一力，而當年訓練榮民抓蝴蝶技巧、提供榮民工作機會的余清金，也因此獲得政府不少獎狀。

台灣蝴蝶王國的盛況，大約持續了二十多年，一直到六〇年代末期的全球石油危機，才整個衰落下來。

石油危機造成全球經濟不振，使得裝飾性功能爲主的蝴蝶商品，很快走下坡，外銷訂單一下子銳減，每天幾十萬隻蝴蝶的進貨量，突然之間沒人要了，余清金說，當年埔里最大的幾十家大盤商，幾乎全部關門，做不下去了。

而民國七〇年代全球興起的保育風潮，更對台灣蝴蝶工業的再振興，投下了致命的一擊。

許多國內外的學者專家及保育組織，開始對台灣蝴蝶早期的過度採集進行調查，其中不少人還寫文章抗議台灣蝶類加工業及保育的不當，這些逐漸增多的國際指責，使得政府也開始注意到蝴蝶保育問題的嚴重性，並且下令禁採三種被列入瀕臨絕種的蝴蝶。

但是蝴蝶數量的減少，到底是當年過度採集造成的，還是因爲人爲的大量砍伐原始森林、破壞蝴蝶棲息地造成的？一直是學界業界爭論不休的議題，許多長期從事採集蝴蝶的業者都說，蝴蝶的繁殖力很強，在短短一兩個禮拜的生命週期裡，就可以繁殖好幾百個後代，是不可能抓得光的，而蝴蝶會絕種的主因，是砍伐了牠們賴以爲生的樹種造成的。

無論如何，對於埔里人而言，最近這幾年空中飛舞蝴蝶的數量，確實是比以前要少得多了，而許多到埔里的觀光客，對於藝品店內陳列的蝴蝶標本與貼畫，態度也從過去的讚賞變成如今的排斥。

看來台灣想要重振往昔蝴蝶王國的威名，是有些困難，而昔日蝴蝶王國曾有的輝煌，也

蝴蝶加工品工業，當年曾養活數萬台灣人。

（陳維壽／攝）

只能從如今尙存的一些褪色蝴蝶貼畫上，去遙想當年了。

蝴蝶王國的首都—埔里

埔里，這個台灣地理位置的中心點，當年蝴蝶王國的首都，近百年來一直就是台灣昆蟲採集的大本營。

從日據代開始，專程來埔里採集昆蟲的專家學者就不斷，埔里也因此匯集了台灣最多的昆蟲標本商與採集商，至今猶然。

爲什麼埔里能夠在台灣昆蟲界獨樹一幟?當年的昆蟲大盤商余清金說，交通便利與環境適合使然。在日據時代，埔里算是台灣最早開發的城鎭，因此道路交通比別的地方都方便，這讓進出台灣各山區採集昆蟲的日本學者，自然對埔里多了一分偏愛。

而埔里氣候的溫和與地形的變化，從海拔五百尺的平地到三千公尺的高山，都涵蓋在內，使得埔里附近的昆蟲相特別豐富，熱帶、溫帶、寒帶的昆蟲種類，在這兒都找的到，余清金說：「埔里昆蟲的數量不但大，而且種類也特別多。」

余清金還記得小時候，隨父親上山採集鍬形蟲，「只需要用腳踢樹幹一下，從樹上掉落下的鍬形蟲就可裝滿兩大瓶！」可見當年埔里昆蟲之豐。

緊急搶救珠光鳳蝶

蘭嶼特有的珠光鳳蝶，也是名列國際生態保育紅皮書的「天蝶」，目前正面臨絕種的危機，當年參加復育計畫的人士，都有一股無力感。

新聞局設計的八十二年國家形象廣告代表物是蝴蝶，而台灣最大型、最珍貴、最有名氣的蘭嶼珠光鳳蝶，目前卻正徘徊在生死存亡的關頭。

雖然台灣被列入瀕臨絕種保育類的蝴蝶共有三種：珠光鳳蝶、闊尾鳳蝶、大紫蛺蝶，但是蝶類專家張永仁說：「台灣所有蝶類中，只有珠光鳳蝶是唯一眞正面臨絕種危機的蝴蝶。」另一位資深蝶類專家陳維壽則說：「珠光鳳蝶的情況很緊急，可能只剩下一兩百隻的數量！」

有「金鳳蝶」之稱的蘭嶼珠光鳳蝶，因爲雙翅上的金黃色斑紋具有合成色鱗片，在逆光下會發出眞珠般的光澤，並且顏色會不斷在藍、綠、紫之間轉換，是世所僅見的特例，難怪九年前當國際生態保育聯盟副主席莫里士博士來台時，一見驚爲「天蝶」，並且要求列入國際紅皮書，予以保護、禁止買賣。

但是珠光鳳蝶的珍貴性不僅止於此，它也是台灣唯一的純熱帶蝴蝶，而且只分布在蘭嶼，在台灣其他地區都找不到。

許多蝴蝶界的人都說，從前去蘭嶼，珠光鳳蝶到處飛舞，隨便抓抓都有幾十隻，當年蝴蝶外銷鼎盛時，每年更是成千上萬隻的從蘭嶼出口，但是這幾年再到蘭嶼，即使刻意尋找，也不容易看到珠光鳳蝶的身影。

其實九年前，珠光鳳蝶就已經經歷過一次「緊急復育計畫」，是由農委會委託陳維壽來

曾經滿山遍野的蘭嶼珠光鳳蝶，如今有一兩百隻的數量。（張永仁／攝）

執行，而當年珠光鳳蝶的族群數量也的確因此增加了數倍，但是當初準備移交蘭嶼國家公園接手的復育計畫，卻由於蘭嶼當地居民反對國家公園成立，而遭擱淺至今，而珠光鳳蝶也因此再度走向滅絕的死亡陰影。

說起來，珠光鳳蝶從早期滿山遍野到如今只有百位數字數量的命運，實在是一連串人爲浩劫所造成的。

從民國五十年代，軍方爲了搜索逃犯在蘭嶼大規模燒山，到六十年代，林務局在蘭嶼進行林相改造，大量砍伐原始林，珠光鳳蝶就走上了族群劇減的不歸路。這些破壞生態環境的行爲，加上蘭嶼環島公路的開闢與耕地的大量開墾，都嚴重影響了蝴蝶的棲息地，但是其中卻以珠光鳳蝶受害最深。

陳維壽指出，珠光鳳蝶是屬於繁殖力弱且窄食性的蝴蝶，它的幼蟲只吃一種叫「馬兜鈴」的藤類植物，但是馬兜鈴是很原始的植物，無法以種子自然繁殖；當蘭嶼島上進行大規模的人爲開發時，許多原生粗壯的馬兜鈴一次又一次被大量摧毀，無法復生，也間接造成珠光鳳蝶食源的枯竭。

要救珠光鳳蝶，必須從培育馬兜鈴著手，陳維壽說，當年的緊急復育計畫，最主要的工作就是在蘭嶼大量種植馬兜鈴，但是由於經費人手都有限，無法長期派人在蘭嶼看管照顧，使得其間發生了「保育區」內的馬兜鈴等植物，被蘭嶼核廢料貯存場的工作人員挖去做綠化工程的材料，整個保育計畫必須重頭開始。

姑且不論當年農委會的珠光鳳蝶緊急復育計畫，到底是成功還是失敗，如今擺在眼前的事實是：珠光鳳蝶又再度面臨絕種的危機，而且許多當年參與復育計畫的人士，都感到十分無力、束手無策。

目前蝴蝶界的人對搶救珠光鳳蝶，有幾個方案，一是移到台灣本島來復育，減少復育成本：二是由蘭嶼核廢料貯存場參與，做爲回饋地方的表現。但是不管採行何種方案，這些蝴蝶專家都說：「重要的是，要快！否則就來不及了。」

如果再不快，珠光鳳蝶很快地就會成爲近年來台灣地區實施野生動物保育法後、第一個宣告滅絕的物種。

七隻神蝴蝶來祝壽

每年農曆三月初三，會有七隻神蝴蝶飛到阿里山受鎭宮，向玄天上帝獻舞祝壽，這個神話，到底眞實性如何？

嘉義阿里山上有一座受鎭宮，供奉著玄天上帝，最近這幾年，受鎭宮前的的大廣告頗引人矚目，廣告大意是說，每年農曆三月初三是玄天上帝的生日，那一天會有七隻五彩豔麗、稀世罕見的神蝴蝶飛來棲在神像上，爲玄天上帝獻舞祝壽，而停留一段時後，牠們會自行飛走云云。

這個大廣告引起了到阿里山做田野調查的學者的興趣：神蝴蝶是什麼東西？是不是固定每農曆三月初三都會出現？是否每次出現都是七隻？爲什麼？

林業試驗所森林保護系主任趙榮台爲了解開這個謎，和助理們連續三年的農曆三月，都前往受鎭宮觀察記錄，結果找到了有趣的答案。

從受鎭宮內展示的「神蝴蝶」照片與這三年來的觀察，趙榮台說，所謂「神蝴蝶」實際上並不是蝴蝶，而是一種名叫「枯球籮紋蛾」的蛾類，它身形頗大，可至十公分以上，花紋色彩斑斕，乍看的確很像大蝴蝶。

根據已知的科學研究報告，枯球籮紋蛾在台灣的分布地區很廣，也包括阿里山，牠每年羽化三次，時間分別是三、四月，六、七月，十、十一月，而牠的幼蟲以木犀科植物爲主要食物。從這些資料來印證阿里山受鎭宮每年三月間出現「神蝴蝶」——枯球籮紋蛾的的現象，可以看出並非意外，尤其是受鎭宮附近遍植屬於木犀科的桂花。

爲了進一步了解「七隻神蝴蝶獻壽」的眞實度，趙榮台和助理每年農曆三月三日就到受

民間傳說，阿里山受鎮宮供奉的玄天上帝，農曆三月三日有枯球籮紋蛾「來朝」。　　（葉文琪／攝）

鎮宮，實地觀察記錄枯球籬紋蛾出現的數量，結果發現確實每年都有「神蝴蝶」飛來，只不過，前年七隻，去年七隻，今年則是三隻，而且爲了增加可靠性，連今年閏三月三日也去觀察，結果發現了兩隻；連續三年四次的記錄，證明所謂「七隻」的神話並不存在。

至於「神蝴蝶」黏附在神像的披衣或是鬍鬚上，有的則在供桌上，因爲受鎮宮不許遊客靠近觀察，這些研究人員也無法確定這些枯球籬紋蛾是否是活的；倒是有一回，一隻「神蝴蝶」撞落在地上，一位研究助理將之拾起放在宮門口，廟祝發現後立刻用金紙拾起放在供桌上。

趙榮台認爲，受鎮宮內的巨大蠟燭燈光或香火味，都可能是吸引枯球籬紋蛾前來的因素，然而從科學的觀點來判斷，人爲因素的介入也是不可能排除的。

研究動物行爲的趙榮台說，一個生物的生命周期、分布區、食性與民間信仰傳說的配合，造成「阿里山神蝴蝶」神話穿鑿附會的成立，其實也說明了自然科學與民間社會之間有趣的互動關係。

虎頭蜂入神則靈？

你知道嗎？台灣虎頭蜂最大的市場在道教，因爲，台灣民間相信，神像在開光面之前，以虎頭蜂入神，可以增加靈驗……

提起虎頭蜂，一般人想到的都是它的兇猛駭人，避之唯恐不及，但是很少人知道在台灣，虎頭蜂是一種與民間信仰結合極深的動物，而且每年市場上的需求量，最保守的估計也在十二萬隻以上，營業金額高達幾千萬台幣。

台灣民間相信，神像在開光供奉之前，如用虎頭蜂放進神像之內舉行入神儀式，會增加神像的靈驗，這是因爲一來虎頭蜂的威猛形象，二來台語「入蜂」發音與「入香」同，表示香煙不斷的意思。

林業試驗所森林保護系主任趙榮台，從五年前開始追蹤調查台灣虎頭蜂入神的情形，結果發現了許多有意思的現象。

一般說來，用虎頭蜂入神的神像，以道教最多，佛教的神像通常沒有這個習俗，而道教諸神裡，又以王爺公的比例最高，其次是關公、雷神、虎爺、土地公、千里眼之類強調威猛的神像，至於觀音、媽祖這類屬女神的神像，是不用虎頭蜂入神的。

根據趙榮台所做的全省六十二家佛具店的問卷調查，似乎用虎頭蜂入神這項習俗，在台灣已流傳很久，而且越往南部走越盛行。尤其是前幾年大家樂、六合彩風靡時，客人指定神像要用虎頭蜂入神的更多，一家位在板橋的佛具店老闆說：「可能是有人拜虎頭蜂入神過的神像而中獎，因此傳開來了。」

虎頭蜂入神的數量也有學問，一隻代表「旺」，兩隻是「雙合」，三隻是「三合」，六

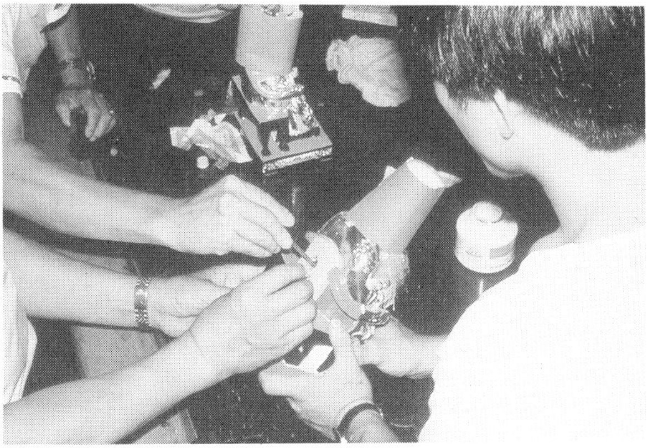

形象兇猛駭人的虎頭蜂，是宗教界在開光供奉之前，舉行入神儀式的搶手貨。　（趙榮台／攝）

隻是「大順」，十二隻是「一本萬利」，都是視神像的大小尺寸來決定用幾隻虎頭蜂；而在高雄，甚至還有用到一百零八隻虎頭蜂來入神的大神像呢。

台灣拜神像的風氣盛，自然對虎頭蜂的需求量也就很大，幾乎每個神像佛具店都有捕蜂人的聯絡管道，一通電話「貨」就送到，還可指定虎頭蜂的種類，像最常用的是黃腰虎頭蜂，土蜂體型大，也頗受歡迎。

虎頭蜂的價格，受季節影響很大，夏天多的時候每隻一、兩百元，冬天少的時候則可高達三、五百元一隻，有些地方像澎湖還有上千元一隻的情形。

有趣的是，許多佛具店或顧客，雖然認爲以虎頭蜂入神既威猛又增靈驗，但是卻都以爲他們用的是雄蜂，甚至指定不要雌蜂，或是指定要「蜂王」，這令動物學者感到啼笑皆非，因爲在蜂的世界裡，「蜂王」與最兇猛的虎頭蜂都是雌蜂，至於雄蜂，可是毫無攻擊能力，都待在家裡專司交配之責，因此一般市面上捕蜂人所能提供入神的虎頭蜂，全是大家「嫌棄」的雌蜂呢。

「偉士牌」虎頭蜂

台灣人何其厲害！連惡名在外的虎頭蜂都成了台灣人口中的美食、藥材，還發展出獨特的「虎頭蜂療法」呢！

義大利摩托車「偉士牌」當初在命名時，特別選上虎頭蜂的拉丁學名VESPA，爲的就是看上虎頭蜂的凶猛威力。

提起虎頭蜂的凶悍，台灣的人最是心有戚戚焉，民國七十五年臺南曾文水庫附近發生的小學師生被虎頭蜂追螫事件，老師陳益興爲了保護學生，被虎頭蜂給螫了八百多針，最後休克死亡，震驚了社會，據說當時陳益興的頭部被虎頭蜂密密圍住，連頭與五官都看不見，十分慘不忍睹。

虎頭蜂螫人，在夏天時尤其層出不窮，據統計，美國每年被虎頭蜂螫死的人比被蛇咬死的人還多，可見虎頭蜂的可怕。

養蜂場的人尤其怕虎頭蜂，因爲虎頭蜂一碰上蜜蜂，就十分凶狠的咬下蜜蜂的頭來吃了，連蜜蜂的幼蟲也不放過。

不過虎頭蜂雖凶，也有天敵剋牠，除了鳥、幼獾吃牠之外，還有一種蜜蜂也是它的大敵，這種蜜蜂一碰到虎頭蜂就團團圍住牠，用體熱把虎頭蜂給活活的燙死。

然而虎頭蜂再凶、天敵再多，也敵不過牠的最大敵人——台灣人。台灣人就是因爲虎頭蜂的這種威猛凶狠而看上了牠，也因此要好好徹底的利用牠。

台灣的民間習俗相信，用活虎頭蜂泡酒，可以強身防癌；虎頭蜂幼蟲（蛹）是滋補聖品；虎頭蜂的毒液可以消腫去毒，還可治香港腳與咳嗽；虎頭蜂的蜂巢可以治糖尿病；虎頭蜂成蜂可以治關節炎、風溼；甚至連虎頭蜂的螫咬，都有人相信能去除痠痛，而發展出了虎頭蜂螫療法呢。

不過這些有關虎頭蜂療效的民間傳說，都並未眞正得到醫學界臨床的證實，台大曾經分析過虎頭蜂藥酒，結果發現成分不過是酒精加蛋白質而已，並沒有傳說的那麼神奇。

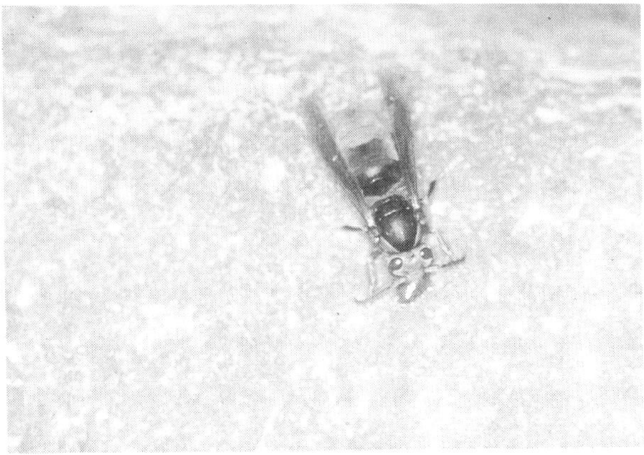

虎頭蜂再兇惡，都兇不過台灣人。（趙榮台／攝）

台灣總共有七種虎頭蜂，其中又以黑絨虎頭蜂最凶，只要有人走近牠的窩巢範圍一百公尺以內，牠立刻會發出示警號，在人的頭上飛繞，如果不理牠，繼續朝牠窩巢的方向前進，牠可就要呼叫同伴傾巢而出攻擊人了，世界上被虎頭蜂螫咬的最高紀錄，據說是兩千多針。

研究虎頭蜂的趙榮台博士說，要避免虎頭蜂的攻擊，最重要的就是不要去招惹牠，如果一旦發現虎頭蜂在你頭上盤旋示警，應該立刻往反方向盡速離去，另外如果被虎頭蜂攻擊，絕不要用手揮打牠，因爲虎頭蜂最討厭震動的東西，你動得越厲害，牠越激怒，也就攻擊得越凶猛了。

台灣鍬形蟲百人迷

絕大部分的人不認識鍬形蟲，但你可知道，目前台灣至少有上百人收集鍬形蟲，其中不但有大人、小孩，還有不少小姐呢！

今年台灣昆蟲界有一樁大事，就是第一本由台灣人自製的昆蟲分類圖鑑——《台灣鍬形蟲》出版了。

這本由張永仁寫的書，不但收集齊全台灣所有種類的鍬形蟲，而且也透露了一個小訊息，那就是在台灣喜歡鍬形蟲的人還不少，甚至不亞於蝴蝶迷呢。

一般人可能知道金龜子、天牛、獨角仙這些甲蟲，但是提到鍬形蟲就陌生了，然而台灣鍬形蟲迷不但多，並且常常互通消息，一有新發現立刻呼朋引伴，聚在一塊兒琢磨欣賞一番，平日還相互觀摩彼此收集的鍬形蟲寶貝。

據鍬形蟲迷的元老徐渙之說，以收集鍬形蟲爲嗜好興趣的人，在台灣至少有上百人，而且其中不少是小姐，她們偷偷的把鍬形蟲養在床鋪下，不讓人發現；有些鍬形蟲迷收集到狂熱點，還國內國外的大搜購，跟集郵一樣。

說起收集鍬形蟲的樂趣，還眞難向外人道。張永仁說，鍬形蟲雖然知道的人不多，但是只要接觸過，很少人不被牠吸引的，因爲鍬形蟲不但外形變化多彩多姿，而且很容易做成標本來收集。

許多小孩子迷鍬形蟲，因爲它性情較凶猛好鬥，而且有兩隻似刀的大夾子，常常互相打得難分難捨，和鬥蟋蟀一樣好玩。不過徐渙之則說，這只是屬於入門階段的鍬形蟲迷，收集鍬形蟲的眞正樂趣，其實在於觀察牠的生態過程、了解牠的生活史，那才叫做自然的奧妙，

鍬形蟲好鬥的特性，吸引了不少小孩。（張永仁／攝）

才眞正的引人入勝呢。

光看鍬形蟲的名字，就可以知道它的精彩程度，例如豆鍬形蟲、扁鍬形蟲、矮鍬形蟲、刀鍬形蟲、鹿角鍬形蟲、葫蘆鍬形蟲，甚至還有鬼艷鍬形蟲、碧綠鬼鍬形蟲、台灣鬼鍬形蟲，張永仁說，台灣鍬形蟲的命名大多是日本人取的，大都是以鍬形蟲的外觀體型來定名。

其實比起日本人對鍬形蟲的狂熱程度，台灣鍬形蟲迷實在是小巫見大巫，每年固定專程前來台灣採集鍬形蟲的日本「蟲癡」，不知有多少，而且這些日本鍬形蟲迷可不稱自己是「收集家」，他們大大方方叫自己是「研究家」，不過他們對鍬形蟲的知識也的確夠得上學術研究的水準。

台灣的人對鍬形蟲不大認識，許多知識反而要靠日本人的資料，也許如今第一本土產的鍬形蟲圖鑑問世，可以有助於改善這種情況罷。

蛾很醜　可是蛾很重要

蛾在整個生態系內，扮演著很重要的角色；而台灣蛾的特有種很多，更在世界上有著重要的地位……

台灣屬於鱗翅目的昆蟲有三千九百多種，其中蛾類三千五百多種，蝴蝶四百多種，蛾的種類是蝴蝶的九倍，但是台灣研究蛾的人數卻和研究蝴蝶的人數，不成比例。

台灣蛾引不起人們的興趣，說穿了，就是因爲牠不夠漂亮，不如蝴蝶來的吸引人，甚至連學術界的人都不免「以貌取蟲」，更何況一般的業餘人士呢？

蛾除了長的比較醜之外，牠的夜間活動習性，也是造成採集研究不方便的原因。台灣早期的蛾類研究，長久以來一直假手外人，以致於許多屬於台灣特有種蛾的模式標本，都隨著來台採集的外國學者而流到了國外的各大博物館，使得我們自己的研究人員找到了類似種時，還得要到國外去比對一番才行。

研究台灣蛾已經二十多年的張玉珍表示，台灣蛾類具有相當多特點，使得牠在世界蛾的領域中獨樹一幟。

譬如，台灣蛾類的特有種特別多，就拿天蠶蛾科來說好了，全世界這一科的蛾類總共也不過一千兩百多種，而且大部分集中在中南美洲，只有九十九種在東方，可是台灣一個小島就有十六種，並且其中有十種是台灣才有的「台灣特有種」。

其實，蛾類在整個生態系內，擔負的角色十分重要，不是任何其他生物能夠取代的，牠是食物鏈中的第一階消耗者，也是其牠生物像壁虎、鳥、蛙、蝙蝠的食物來源；另外，蛾因為多半在夜間或傍晚活動，對於夜間開花的植物，負起部分授粉的任務。

張玉珍說，蛾對人類的貢獻更大，尤其是中國人，因爲大家都知道的蠶絲，就是蛾的幼蟲所吐出來的，可以說，中國因蠶絲而發展出的一套文明，其中蛾還有相當的功勞呢。

台灣在日據時代，還曾引進一種野蠶，這是屬於天蠶蛾科的一種蛾的幼蟲，由於牠的絲韌性彈性特強，可以做

蛾引不起人們的興趣，多半因爲牠長得不夠漂亮。
（張玉珍／攝）

釣絲、晚禮服、甚至防彈衣，所以日本人希望在台灣養殖這種野蠶營利，當時還在台中設立台灣野蠶株式會社，專門來繁殖野蠶；可惜光復後，由於人造絲及尼龍問世，野蠶的實驗工場也就宣告結束了。

林業試驗所森林保護系主任趙榮台說，台灣以往雖然研究蝴蝶的人比研究蛾的人多的多，但是隨著國內昆蟲研究風氣的逐漸盛行，對蛾類的研究與關注也將越來越多，這其實也正是國外研究昆蟲的一種趨勢。

台灣卵翅蛾　有牙齒的活化石

台灣卵翅蛾很稀有，一九〇八年以來，只發現十隻；台灣卵翅蛾很珍貴，因爲牠有牙齒，是尚未演化的原始型蛾類。

兩年多前，林業試驗所在宜蘭福山試驗林區內採集蛾類標本，找到了一隻外形有些特殊、翅膀近似卵形的蛾，當時研究人員並未多加注意，就把牠帶了回來。

沒想到，等回來後一比對，研究人員才發現，這隻看來有些灰撲撲、不大起眼的蛾，竟然是全世界罕見的台灣卵翅蛾。

根據文獻記載，台灣卵翅蛾自從一九〇八年在台灣發現第一隻以來，總共只找到了九隻，而且標本全都流到了國外。林試所找到的這一隻，不但是台灣自己的研究人員採集到的第一隻卵翅蛾，而且是世界排名的第十隻，距離上回第九隻被日本人找到（一九八三年），已有八年，而距第八隻被發現的時間（一九三四年），中間更差了五十七年之久。

但是台灣卵翅蛾的珍貴，並不僅在於牠的稀有，研究學者更感到寶貝的是，牠那屬於原始型蛾類的身分。

爲台灣卵翅蛾定出中文名字的前林試所研究員張玉珍說，台灣卵翅蛾與一般蛾最大的分別，在於牠的口器很原始、有「牙齒」，和其他蛾用吸管覓食的方式不一樣，而這正是牠尚未演化、屬於原始型蛾類的證據。據估計，原始型蛾類在地球上生存的時間，起碼超過一億年，是古代動物系中少數殘存至今的一種，牠就像活化石一樣，對於研究蛾類、甚至生物的演化過程，都具有很高的學術價値。

說來慚愧，過去近百年對於台灣卵翅蛾的採集研究，都是由外國學者搶得先機，以致於使得這種珍貴的台灣特有種蛾類的標本，散見英、美、德、日各大博物館，在台灣反而看不到。如今林試所總算踏出了第一步，不但找到了「第十隻」的台灣卵翅蛾，而且這兩年來，也陸續又採集到了八隻，可以說，台灣本土對於原始型蛾類的研究，已經有了一點眉目。

不過張玉珍表示，

第十隻的台灣卵翅蛾重現江湖，顯示台灣蛾類研究有極寬廣的空間。（張玉珍／攝）

光憑著這九隻台灣卵翅蛾，我們只能知道牠的分布區域、海拔上限等非常基本的資料，至於要談有什麼進一步的了解，「還有很長的一段路要走呢！」至少到目前爲止，連台灣卵翅蛾的幼蟲都還沒有找到，更不提牠的食性與生活史了。

台灣卵翅蛾的重現江湖，除了表示台灣森林裡還有許多珍貴的生物，有待發現研究之外，更預示著台灣蛾類研究的天地是極爲寬廣的，因爲根據國外的文獻記錄顯示，台灣原始型蛾類的種類，已知的共有三十二種，而目前，卻只有台灣卵翅蛾被重新找到。

台灣捕蟲人　故事一籮筐

枯葉蝶愛喝酒，環紋蝶是「逐臭之夫」，台灣角金龜有「梧桐龜」的外號，「閃電蛺蝶」蝶如其名……，台灣捕蝶人告訴你爲什麼。

台灣由於氣候環境適中，昆蟲種類數量特別豐富，所以從很久以前，就吸引了不少外國昆蟲專家及蟲迷，專門來台灣採集昆蟲，也因此培養出一批十分資深的捕蟲人。

這些老一輩的捕蟲人，談起早年抓蟲子、蝴蝶的趣聞，每個人都有一肚子說不完的故事，而他們對台灣昆蟲的豐富知識，完全是根基於日常一點一滴和蟲子實際相處的經驗。

就拿枯葉蝶愛喝酒這回事來說好了，一位捕蟲人表示，他小的時候和父親上山去抓蝴蝶，因爲父親有胃痛的毛病，所以隨身都帶著米酒以紓解胃痛，有一次不小心，酒瓶掉在地上，米酒灑了一地，結果沒想到幾分鐘後，竟然飛來了好幾隻枯葉蝶，停在地面上吸食酒液，他們才發現枯葉蝶也是好飲杯中物的酒仙。

另外一位捕蟲人則記得，爲了捉蝴蝶，他的伯父差點被日本人當成抗日分子抓走了。他說，當年爲了誘捕環紋蝶，許多人用糞便來作餌，通常的作法是在地上挖個坑，把糞便放在裡面，外側再用樹枝和草葉搭築一個掩體，捕蝶人即藏身於後伺機捕蝶；民國十九年霧社事件剛過，日本人正處於高度警戒的狀態，而他的伯父卻在村外設了好幾個捕環紋蝶的陷阱，結果被日本巡邏警察懷疑是叛亂分子埋伏的掩體，尤其是旁邊還留有糞便，更加可疑，於是就逮捕了在附近「徘徊」的他伯父，還當場被日警毒打一頓，還好後來有通日語的人作翻譯，才還他伯父清白。

有「台灣天牛三寶」之稱的紫艷白星天牛、黃紋天牛、霧社深山天牛，在南投縣的埔里都有分布，一位捕蟲人說，日據時代在埔里、霧社一帶，種了許多櫻花樹，有一次一位日本警察在派出所前的櫻花樹上找到一隻霧社深山天牛，於是拿來給他，竟然賣了個好價錢，沒想到這位日警一鼓作氣，回去後把所有的櫻花樹都鋸開來，發現內有許多霧社深山天牛的幼蟲與蛹，這才知道這種

談起早年抓蟲子、抓蝴蝶，老一輩的捕蟲人都有說不完的故事。（張永仁／攝）

蟲子是靠櫻花樹維生的。

而中華昆蟲學會的會徽是「台灣角金龜」，這種蟲子就是因爲愛吃梧桐樹葉和樹汁，常常聚集在梧桐樹上，所以早期在埔里的捕蟲人，就給牠取了個「梧桐龜」的綽號。

還有一位資深捕蟲人指出，以前有牛車的時候，澆淋拖車水牛的沖涼水常常會弄溼路面，這時就有許多飛行速度很快的「閃電蛺蝶」會飛來吸水，現在水牛車被淘汰，閃電蛺蝶也就不大容易見得到了。

採蟲　不要趕盡殺絕

台灣昆蟲迷愈來愈多，這是好現象；業餘採蟲人愈來愈多，這可是教人憂心的現象

……

這幾年在台灣，越來越多的人迷上昆蟲，經常在山林裡可以看到爬上爬下到處找蟲子的採集者。生態學家對這種現象一則以喜，一則以憂，喜的是越來越多的人投入業餘昆蟲的研究，將有助於對台灣昆蟲更深入的了解，但是許多採集者對採集方法缺乏正確概念，卻令人憂心，因爲這可能會導致某種類昆蟲的急劇滅亡。

長期從事採集昆蟲的資深採集人余清金說，這幾年他在山區裡觀察到的現象，讓他對台灣昆蟲的未來感到耽心，如果情況再不有所改善，很可能我們的下一代將無蟲可採。

余清金舉鍬形蟲爲例。鍬形蟲的主要生存空間是朽木，不論產卵、孵化、成長，都有賴山林中枯倒的朽木，來提供牠一個生活及攝食的環境；近幾十年來，台灣原始林減少，已使得朽木的數量銳減，尤其是大型的朽木更是難見，這對鍬形蟲的成長繁衍已埋下不利的因素，從鍬形蟲這幾十年來體型大小的變化便可見一斑，往昔常見的大型鍬形蟲現幾已難尋，能找到的大半都是體型瘦小者。

然而許多採集鍬形蟲的人，在山裡不但採集羽化飛出的成蟲，更進而敲碎朽木採集其中的卵與幼蟲，這種方式對已處於不利狀況的鍬形蟲來說，無異雪上加霜。余清金說，把鍬形蟲所賴以維生的朽木敲爲微塵碎片，等於斷絕了牠族群生存延續的命脈，而採集者所採集到的鍬形蟲卵及幼蟲，因爲人工飼養的溫度、濕度等，無法像大自然界的巧妙配合，絕大多數在未成蟲前就死掉，所以這樣的採集法「等於殺雞取卵，手段太過於殘酷！」

而另外一種蟲子「步行蟲」的採集，也面臨了類似的危機。

傳統上採集步行蟲，是用杯子內裝糖蜜，將之埋在地面做陷阱，隨後每隔一、兩天再去巡視是否有被糖蜜香味吸引掉入杯中的昆蟲，予以採集。

余清金說，過去採集者所使用的是玻璃杯，當年由於物資珍貴，

資深捕蟲人余清金，對許多人缺乏正確概念的捕蟲，頗感憂心。（陳佩周／攝）

所以採集告一段落都會加以回收，但是近年紙杯、塑膠杯多又便宜，許多採集者採集後將之棄置山中，造成大量昆蟲的死亡陷阱，余清金就常在山區裡發現許多這樣的採集杯，裡面積聚了數以百千計各種昆蟲的屍骸，「實在令人痛心！」

余清金說，以粗略估計，假如一個採集者放置一百個至三百個陷阱杯、桶，而這些杯桶不予回收的話，半年間最少每個杯可殺死五百隻的昆蟲，一百個杯是五萬隻，三百個杯就是十五萬隻昆蟲的生命，而以步行蟲這種生存地域極爲狹窄的甲蟲而言，絕對有因此絕種的可能。

台灣禽獸列傳

海軍陸戰隊（兩棲・爬蟲動物）

世紀末的大驚奇——翡翠樹蛙

這鮮翠欲滴、美豔又可愛的小東西，在二十世紀末出現，震驚全球生物界……

民國七十年十月五日，師大生物系的三個學生到翡翠水庫附近做調查，結果聽到了一種很新奇的蛙叫聲，這些平日對蛙頗內行的學生，聽了半天卻猜不出這到底是那一種蛙。

這就是翡翠樹蛙被發現的經過。你也許覺得它不過是一個新品種而已，但是對於國際生物界來說，這可是一件太令人興奮的事啦，就像一位台灣動物學家所說的：「要知道，能在二十世紀的末期，還能再發現生物新品種，是一件非常不容易的事。」這正是翡翠樹蛙之所以轟動國際的原因之一。

翡翠樹蛙不但以「新」打出了名號，而且還以前所未見的姿色，迷住了所有看過它的人，它那半睜半閉圓鼓鼓的大眼睛、翠綠鮮豔欲滴的色澤、以及厚厚大大的吸盤腳指，看來美麗又傻氣十足，像極了卡通人物，難怪爲它命名的師大生物系教授呂光洋說：「取名翡翠，一來因爲在翡翠水庫發現它，二來它實在如翡翠般碧綠奪目，可說是一語雙關。」

當年，翡翠樹蛙被發現後，由於台灣生物界的經驗不足，在向國外請求協助鑑定時，竟然被法國國家自然科學博物館的人「剽竊」，搶先在國際生物界發表報告，並且擅自爲之定名，這事後來還引起了東西方生物界的一場論戰。

提起這事，呂光洋淡淡的說：「過去的就不要再提了。」但是自此前車之鑑，台灣生物界有了警戒心，任何有可能的新品種一經發現，在不確定之前都嚴加保密，並且絕不「出國」，一切的比對鑑定工作都自己來，以避免「翡翠樹蛙事件」再次發生。

翡翠樹蛙發現至今已十三年，對於它的習性與生活史，有不少人在研究。呂光洋說，翡翠樹蛙與其他蛙最大的不同，是它很愛在樹上生活，而且可以在很高的樹上，這是其他蛙都沒法做到的本事兒。

用翡翠樹蛙爲題寫碩士論文的陳賜隆發現，雄翡翠樹蛙在不同的情況下，有五種不同的叫聲，其中最有趣的是「呱、呱、呱」的求偶叫聲，這種叫聲當然是爲了吸引雌翡翠樹蛙快

二十世紀末，在台灣還能發現翡翠樹蛙，令國內生物界興奮不已。（呂光洋／攝）

快前來配對，但是有時候也會發生陰錯陽差的事，吸引來了其他種類的雄蛙「誤抱」它不放，這時雄翡翠樹蛙就會立刻發出「咯、咯、咯」的釋放叫聲，意思就是：「老兄，你搞錯對象啦！快放開我吧！」

翡翠樹蛙的天敵不少，其中最特別的是一種寄生蠅，這種寄生蠅盯著翡翠樹蛙不放，翡翠樹蛙在那兒下蛋，它就在那兒跟著下蛋，它的幼虫孑孓專吃翡翠樹蛙的卵蛋，一對翡翠樹蛙碰到了這種寄生蠅，「一季的努力全泡湯了。」呂光洋這麼形容。

台灣在二十世紀末，還能發現像翡翠樹蛙這樣的生物新種，更證明了台灣雖小，但是由於地理障礙隔絕，使得生物的歧異度高，種類特別多，未來更多新品種的發現，仍有很大空間的。

歡迎新兵——橙腹樹蛙

橘紅色的肚皮，銀白色的嘴緣，平滑的皮膚，五公分的身軀，這就是國內最近發現的青蛙家族新成員——橙腹樹蛙。

最近，國際兩棲動物界有一件大喜事，那就是：台灣又發現新種了！

這隻新加入台灣青蛙譜的成員，叫做「橙腹樹蛙」，按照發現時間的先後順序來說，它是台灣青蛙家族中排名第三十種的老么，距離台灣上次發現新種翡翠樹蛙的時間，已經有十二年。

師大生物系教授呂光洋，是橙腹樹蛙新種的論文提報人，並且已經被國際兩棲動物學刊接受認可，他說：「橙腹樹蛙是台灣已知青蛙中，最漂亮的！」

的確，蛙如其名，橙腹樹蛙肚皮的橘紅色澤，是台灣其他樹蛙都沒有的美色，而在背部翠綠色的強烈對比之下，橙腹樹蛙眞可以說是大自然絕妙的配色典範。

說起橙腹樹蛙被發現確認的過程，還眞有點曲折，事實上，六年前呂光洋師生就曾經抓過它，可惜當時敏感度不夠，以爲它是其他樹蛙的變異種，未予繼續追察。

這回橙腹樹蛙未再成爲「漏網之蛙」，靠的是呂光洋兩位得意門生陳賜隆與陳開盛；這兩位專做青蛙的研究生，是在野外調查的時候，聽出了「異聲」，然後尋聲追蹤，他們花了一夜的時間及耐心，終於在懸崖邊與這隻「青蛙新兵」面對面了。

呂光洋說，每種蛙的鳴叫聲都不同，因此光聽聲音就可以分辨出是那種蛙，比用眼睛看還準；而也正是憑著音譜的分析，才爲橙腹樹蛙驗明正身，確定了牠是台灣的新種。

橙腹樹蛙不但叫聲不同，外型也頗嬌小，身長只有五公分左右，此外，牠還有不少獨樹一幟的特徵，像前面提到的橘紅色肚子，以及平滑的皮膚、嘴緣邊的銀白線紋等。

提到橙腹樹蛙身上所特有的橘綠對比色與銀白線紋，可說是造物主最神妙的設計了。呂光洋表示，橙腹樹蛙腹背兩種強烈的對比色，可能具有令牠的天敵「驚嚇」的作用，而給予橙腹樹蛙逃生的機會；

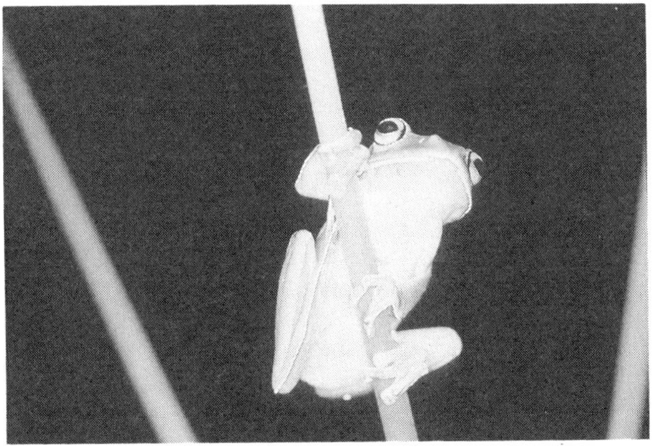

橙腹樹蛙是翡翠樹蛙發現十二年之後，國內青蛙家族的新成員。（陳賜隆／攝）

至於牠嘴緣的銀白線紋，就像我們畫畫時用黑框來加強輪廓，白色則有「分散」的功能，讓橙腹樹蛙能與四周的背景融合，不被敵人注意。

目前生物界對這隻青蛙新兵的認識非常有限，實在是因爲牠的族群數量很小，無法進行生活史、染色體的觀察研究，也因此，呂光洋推測，橙腹樹蛙是屬於生活在完全無人爲干擾的原始森林中的蛙種，由於台灣原始森林遭破壞侵襲，使得其族群減少稀有。

台灣在短短的幾十年中，連續發現翡翠樹蛙、橙腹樹蛙新種，當然是十分令人興奮的事，這證明了台灣雖小，但是生物資源的豐富度卻很驚人，不過這卻也同時說明了另一件事，那就是過去台灣生物科學的基礎研究實在太貧乏、太緩慢，以致大部分的新種發現、研究，都是最近這十幾二十年間的事。

而令人耽心的是：如果台灣才算剛起步的學術研究，趕不上台灣自然環境被開發、破壞的速度，那麼許多尚未被發現的新種，可能等不及像橙腹樹蛙這樣「問世」，就已經絕種了。

山椒魚不是魚

山椒魚是有尾巴的兩棲類動物，正因爲牠都靠那布有毒腺的尾巴「截肢」禦敵，所以幾乎每隻山椒魚尾巴都傷痕累累。

台灣的山椒魚，在世界上小有名氣，因爲這種在溫帶地區才有的動物，竟然亞熱帶的台灣也可以找到，而台灣正是世界上山椒魚分布的最南限。

說起山椒魚，一般人很容易望文生義，以爲它是那一種魚類，山椒魚可和魚一點關係也沒有，它是和青蛙屬於同一個家族的兩棲類，只不過青蛙是無尾的兩棲類，而山椒魚則是有尾的兩棲類。

許多人對山椒魚也許感到很陌生，但是提起娃娃魚可就如雷灌耳了，山椒魚和娃娃魚正是同一家的兩兄弟，有人稱前者為小鯢，後者為大鯢，但是兩者都不是魚、都是有尾兩棲類；而早期在台灣伐木鼎盛的年代，許多伐木工人在深山裡，都有活抓生吞「土龍」的經驗，「土龍」就是山椒魚，伐木工人相傳活吃土龍對眼睛有益。

但是為什麼要叫做山椒魚？研究山椒魚多年的師大生物系教授呂光洋說，山椒魚是古時候就有的名字，可能一來它住在山區，二來它身上分泌的黏液有一種類似胡椒的氣味，因而得名。呂光洋表示，山椒魚身上的這層黏黏滑滑的分泌物，其實是它的禦敵武器，由於含有刺激性與微毒，對許多山椒魚的天敵來說，一咬上它就會感到刺激的受不了，不得不放它一馬。

山椒魚分布的地區，都在兩千公尺以上的高山原始森林裡，而且越陰暗潮溼的地方它越愛，一碰到太陽，山椒魚可就要「見光死」了。呂光洋為了要了解山椒魚在台灣的分布情況，曾經從北到南的滿山追蹤，結果在北部、中部的高山都發現了山椒魚的蹤跡，只有南部還沒有找到過，後來有一回他到南部的高山去，捉到一條斜鱗蛇，下山時坐鐵牛車，在一陣顚跛之下，這條被顚昏的蛇嘴裡竟然吐出了四條山椒魚來，呂光洋高興的不得了，因爲這不但表示台灣的南部也有

山椒魚名爲「魚」，實際上是兩棲類。(呂光洋／攝)

山椒魚，而且還因此知道蛇也是吃山椒魚的天敵之一。

台灣的山椒魚特有種，目前已知的是楚南氏山椒魚及台灣山椒魚兩種，不過這並不表示台灣的山椒魚就到此爲止，事實上，由於台灣地理環境的區隔性大，像山椒魚這樣行動遲緩又對環境要求嚴格的動物，很容易就形成新種來。呂光洋指出，其實台灣這兩種已知的山椒魚，一帶花紋斑點（楚南氏山椒魚）、一爲素色（台灣山椒魚），都是在日據時代被發現的，可是當初發現的兩隻命名標本，卻在戰爭中遺失了，以至於現在找到的疑似新種山椒魚，也無法比對鑑定是否爲新種。

研究山椒魚，是一個緩慢又困難重重的工程，最大的關鍵在於山椒魚的稀少。呂光洋說，台灣山椒魚的數量，由於原始森林的破壞砍伐，已經急劇減少，每一個地區的族群數量都很少，所以每一隻山椒魚都「事關重大」，做研究時每捉一隻都極其珍貴，觀察研究完就立刻放回，呂光洋說：「就怕它死一隻，當地的族群就因此絕種了。」至於一般想要研究動物生理的解剖，那就更不可能應用在山椒魚身上了。

山椒魚如此的珍貴稀有與隱密難找，使得研究它的進度格外緩慢，至今學術界仍不清楚它的生活史，甚至連它的卵都從未發現過，只知道它有一種「截肢」的禦敵本能，會引誘天敵來咬它毒腺分布較多的尾巴，而達到自保自救的目的，這也是爲什麼幾乎所有被發現的山椒魚，都有一條傷痕累累的尾巴的原因。

台灣蜥蜴會抽菸？

台灣的攀木蜥蜴是部分人士最愛的寵物，這種外形看起來像蛇的爬蟲類動物，爲什麼變成了寵物？說起來，都是因爲牠的聰明和好玩……

台灣的蜥蜴會抽菸，你相信嗎？這可是千眞萬確的事。

說起來，這又是台灣人虐待動物的另一明證；長期研究蜥蜴的文化大學生物系教授鄭先佑，就曾經看過被人拿來當寵物的蜥蜴，嘴裡強塞著一根香菸，在那兒「吞雲吐霧」，成爲衆人取樂的對象。

蜥蜴，這個外形看起來像蛇的爬蟲類動物，在台灣有兩個和蛇相關的俗稱：「四腳蛇」、「蛇舅母」，其實牠並不適合做爲寵物，放在家中飼養的，但是因爲牠的一些特性，使得牠成爲部分人士的寵物最愛，尤其是攀木蜥蜴。

鄭先佑說，大部分蜥蜴都很怕人，一有風吹草動就嚇得一溜煙跑走，而且十分慌張，但是攀木蜥蜴不同，牠不但表現異常鎮靜、敢與人對看外，還會做「伏地挺身」的動作，來表示自己的雄壯威武，希冀把人「嚇退」，而即使在人逼進時，攀木蜥蜴逃躲之際仍會不時地探頭探腦偷看人，比起其他種的蜥蜴來說，「攀木蜥蜴是聰明又好玩得多了！」

但是攀木蜥蜴的這種聰明與自信，卻反而爲牠招來禍害。鄭先佑說，人們就是利用攀木蜥蜴不怕人且愛與人「鬥智」的本性，引牠上鉤，再加上牠的頭呈三角狀、鱗片又粗，一但被套住就很難脫身。

鄭先佑指出，台灣的攀木蜥蜴共有五種，全都是台灣特有種，其中箕作氏攀木蜥蜴數量最多、分布最廣，也因此被捕捉量也最大，族群量近年來有明顯銳減的現象。

攀木蜥蜴，顧名思義，就是牠很愛爬樹，也非常會爬樹，再高都沒問題，這可是其他蜥蜴都比不上的獨家本領。

另外，攀木蜥蜴還有一項本事，那就是前面提到的「伏地挺身」。鄭先佑說，蜥蜴也有牠們自己的「語言」，而攀木蜥蜴的「伏地挺身」就是牠這一族的「

台灣攀木蜥蜴的爬樹本領高強。（鄭先佑／攝）

母語」，牠們靠著頻率、速度、前後不同的伏地挺身姿勢，來表達呼叫、求偶、警敵、示好等訊息。

不過各種蜥蜴的「語言」都不相同，就像我們人類一樣，各有各的方言；正如攀木蜥蜴用伏地挺身來彼此溝通，也是蜥蜴一種的壁虎，還會尾巴翹起、前腳交叉的大跳「壁虎舞」呢。

壁虎的傳說

台灣有個傳說：「大甲溪以南的壁虎會叫，大甲溪以北的壁虎不叫。」這是因爲南部的壁虎叫聲大，北部的壁虎叫聲小。不過，這幾年來，北部的壁虎叫聲越來越大了……

中國人有關壁虎的傳說特別多，最流行的一種說法，連小孩子都耳熟能詳，那就是牠在逃命的時候，尾巴會自動斷落，而且會不停地跳來跳去，最後跳到人的耳朵裡去。

研究蜥蜴十幾年的文化大學生物系教授鄭先佑說，壁虎的斷尾當然不致於會跳到人的耳朵去，不過牠這種「自割、自殘」的行爲，卻是牠保命的最上策，因爲跳動的尾巴很容易轉移敵人的注意力，壁虎就趁機溜走啦。

壁虎，是蜥蜴的一種，其實我們平常在家裡常見的「壁虎」，正式的名稱應該是「蝎虎」，和「壁虎」是屬於不同科的兩種蜥蜴。

鄭先佑表示，壁虎在蜥蜴這一類的爬蟲動物中，是屬於比較原始的，意思也就是說，牠出現在地球的年代比較早，算是蜥蜴中的元老。

提起蜥蜴，一般人除了壁虎之外，可能都不大熟悉，其實台灣的蜥蜴種類相當多，已經被發現命名的就有三十一種，其中十三種是台灣特有種，幾乎占了三分之一，算是十分驚人的紀錄。

鄭先佑說，蜥蜴是一種很好的「地區指標」動物，因爲牠移動範圍不大，通常一生都在一個區域裡度過，所以牠很容易就被不同的區域隔離，而形成各區不同的特有種，台灣地形變化大，也是造成蜥蜴種類特多的原因。

就蜥蜴的生態來說，牠是屬於冷血動物，體溫隨著外在環境而變化，也因此牠不需要太多的能量來維持體溫，鄭先佑說：「蜥蜴有一個非常有效率節約能源的身體，吃一餐可以維持個三、四天！」所以少吃、不喝、不尿，大致可說明蜥蜴的基本生活型態。

日本人對台灣的蜥

壁虎的台灣傳說特別多。　　　（鄭先佑／攝）

蜴很感興趣，不但早期台灣的蜥蜴大部分是日本學者找到命名的，而且一直到今天，日本人還是年年來台灣抓蜥蜴回去研究，而比較起來，台灣學術界在這方面的研究，就顯得薄弱太多。

近幾十年，台灣環境的開發與氣候的改變，對蜥蜴也有很大的影響。

本省有個傳說：「大甲溪以南的壁虎會叫，大甲溪以北的壁虎不叫。」鄭先佑說，這句話基本上是不錯的，只不過南部的壁虎叫的聲音大，北部壁虎叫的聲音較小，但並不是不會叫；然而這幾年來，北部壁虎的叫聲也越來越大，這句傳說已經不大正確了，鄭先佑表示，這並不是說，原來在北部的壁虎也開始「大聲叫」，而是因爲南部的壁虎向北侵略，已經攻占了原先北部壁虎的地盤。

鄭先佑指出，從整個台灣蜥蜴的採集歷史紀錄，就可以看出台灣蜥蜴這幾十年來分布區域的改變。不只壁虎，同樣情形也發生在其他種類的蜥蜴身上，像攀木蜥蜴、草蜥等，都有這種「南種北遷」的現象出現。

南部的蜥蜴爲什麼往北跑？鄭先佑說，因爲環境氣候的改變，造成台灣越來越乾熱，原本較溼冷的北部，如今也符合南部蜥蜴的生存條件，自然就吸引了牠們北上，而原地主的北部蜥蜴，因爲不如南部蜥蜴來的強悍，有的被消滅、有的則退守到陽明山上去了。

蜥蜴這種南北大遷徙的異象，其實正點出台灣過度開發後的危機。

台灣禽獸列傳

水中蛟龍（水生動物）

海龜有家難歸

漁民設置定置網，使得海龜無法上岸產卵；偷挖龜卵、捕捉海龜，造成海龜族群數量減少；最近幾年，海龜在台灣本島上岸的足跡已經消失了……

三年前，當海洋大學海洋生物研究所程一駿博士，接受農委會的委託進行台灣海域中海龜的調查研究時，許多人都懷疑：「台灣有海龜嗎？」結果答案是：不但有，而且「曾經」有很多。

海龜這種動物，提起來一般人都感到很陌生，台灣的人對牠大概只有放生的印象，而學術界過去也從未做過海龜的調查研究。

程一駿指出，海龜因爲是屬於大洋性洄游動物，全世界到處跑，所以不像陸上動物容易因地理環境的區隔產生許多特有種，因此牠的種類不多，全世界總共也不過七種海龜，在台灣附近海域可以見到的有其中五種：綠蠵龜、赤蠵龜、玳瑁、欖蠵龜、革龜，其中又以綠蠵龜及赤蠵龜較常見。

說起海龜，我們人類對牠的了解實在非常少，連最基本的資料像海龜可以活多久都是一個謎，程一駿說，這是因爲海龜在大海中活動，要長期追蹤研究牠很困難，而且牠的骨板（龜殼）外層會隨著蛻皮而磨損脫落，就更不容易判斷牠的年齡了。

不過海龜有一個很神奇的特性，卻是爲人所共知的，那就是到了生殖季節時，母海龜就會爬上牠當初誕生的海岸產卵，科學家至今仍然無法解釋，海龜這種「回老家」的本領是怎麼來的。有人猜測，小海龜在孵化出生的那一剎那，就將牠周遭環境的種種細節，像附近海水的特殊化學物質、海灘沙石的氣味等等資料，全部載入牠的「記憶庫」中，等到長大成熟後，便能根據「記憶庫」的招喚引領，順利返回老家，孕育下一代。

根據程一駿所做的調查訪問，過去在台灣各地沿岸都有海龜上岸產卵的紀錄，尤其是台灣本島東岸沿線一帶，數量相當多。可是在這幾年的實地調查之後，程一駿卻發現，海龜在台灣本島的上岸足跡已經消失，如今只剩下一

海龜是列入瀕臨絕種保育類的野生動物，任意捕捉、獵殺、飼養都屬違法的行爲。（程一駿／攝）

些離島還有海龜固定來下蛋的產卵地，但是數量都明顯的銳減。

程一駿表示，台灣東岸海龜產卵地的消失，主要是受到漁民設置定置網的緣故，定置網的阻隔使得海龜不但無法上岸產卵，而且由於海龜在產卵季開始前，會游到產卵地附近的海域交配，此時很容易被漁具所捕獲，也使得海龜無法順利生產。

除了漁業的因素之外，當地居民挖掘龜卵及捕捉產卵母龜，也是造成海龜在台灣逐漸消失的原因。程一駿說，人爲的干擾會嚴重影響到母龜的產卵行爲，而偷挖龜卵更會對海龜的族群數量造成很大的傷害。

台灣人挖龜卵及捕捉海龜，主要的目的是爲了賣給水族館或寺廟，供人做放生之用。程一駿指出，這種放生行爲非常要不得，因爲海龜有「回老家」的本能，一旦放生的地點不是原來牠上岸的地點，海龜就會迷路，找不到回家的路，最後可能走向死亡，放生成了放死。

程一駿表示，海龜在生態界扮演了重要的角色，因爲牠以海草爲主食，能夠平衡海洋中的環境，另外，海龜和鯨、鮪一樣，是大洋性洄游動物，所以對地球的洋流、氣溫變化特別敏感，追蹤研究牠們能夠讓我們對地球更瞭解。

可能很多人並不知道，海龜已被列入瀕臨絕種保育類的野生動物，是屬於緊急需要保護的野生動物，捕捉、獵殺、飼養海龜，都是違法的行爲。目前，國際上對海龜的保育也日益重視，美國海洋生態保育組織SPREP已經定一九九五年爲「西太平洋海龜保護年」，到時候如果台灣海龜的情況還未改善，可能又將成爲國際間指責的對象。

海豚不再來

台灣四周海域曾經全年棲息著各類海豚，以往會有千百隻海豚湧來台灣，但是近兩年，只有數十隻會游來，爲什麼？

在過去，每年冬天的一月到三月，都是澎湖漁民圍捕海豚的季節，大批洄游至此的海豚，被漁民逼趕進港灣裡，再由守候在岸邊的人，將海豚一條條拖上沙灘宰殺。

這樣的傳統沿襲了許多年，澎湖的漁民一直把捕殺海豚，視爲天經地義的事，直到一九九〇年的春天，媒體報導了澎湖漁民獵捕殘殺海豚的事件後，引起了國際保育組織的嚴重指責，澎湖捕殺海豚的傳統才自此告終。

台大動物系副教授周蓮香說，一九九〇年的澎湖事件，可以說是我國開始保育海洋哺乳類動物的一個里程碑，因爲那一年的夏天，政府公告增定野生保育類動物，將海豚等鯨目類的動物列入名單，予以保護，禁止非法宰殺獵捕。

對於海豚，國人一直是處於熟悉又陌生的狀況，大家普遍知道海豚是一種高智慧的動物，在遊樂園裡可以看到牠的表演，但是又對牠的屬性與生活一片茫然。

周蓮香說，人們對於海豚與鯨，常常混淆不清，牠們都是同屬於鯨目之下的海洋哺乳動物，通常「鯨」指的是大型鯨類，而「海豚」指的是中型有齒的鯨類，另外還有一種「鼠海豚」，則指的是小型的鯨類。

在海洋中，鯨目動物是唯一不用鰓、而是用肺呼吸的高等動物，牠們外形雖然像魚，但是卻不是魚，牠們的內部器官與陸地上的哺乳動物相同，所以即使在水中游泳生活，仍然不時需要到水面來換氣呼吸，目前世界上已知的鯨目動物有七十九種，其中在台灣出現有紀錄的，有二十六種。

周蓮香表示，台灣並非只有澎湖一地有海豚洄游現象，事實上，根據非正式的調查，台灣四周海域全年棲息著各類海豚，過去曾有捕獲海豚紀錄的漁港遍布全省。

海豚如此眷顧台灣，年年洄游來此，但是台灣的人對海豚的回報，僅僅是將之視爲另

國人對於海豚了解不多，只知道牠是一種高智慧的動物，但對牠的屬性與生活則是一片茫然。
（周蓮香實驗室提供）

一種漁獲，不斷的捕殺。根據統計，從一九七九年到一九八九年十年之間，海豚的漁獲年產量是一千噸至一百噸，而在澎湖，一九五七年曾有宰殺一千兩百隻海豚的紀錄。

比起從前，近年來海豚來台洄游的數量，呈幾何級數的銳減，以往千百隻海豚一湧而至的盛況再也不曾出現，這兩年來，只有數十隻左右的海豚會游來台灣海域，至於海豚不再來的原因是什麼，沒有人知道。

周蓮香表示，台灣對海洋鯨目動物的研究，是令人汗顏的，四十多年來有關鯨目動物的學術報告總共只有兩篇，不說歐美各國的研究已如天上繁星難以計數，就連中國大陸也都有近兩百篇的論文作品。

沒有實地的研究調查，一切資源的管理、保育、經營，甚至利用，都是空口說白話。周蓮香說，要對海洋哺乳類動物的保育，建立一套健全合理的經營管理制度，首要的就是要掌握台灣海域的海洋哺乳類動物的種類、分布、洄游移動、季節消長、生活史、生態習性等相關資料，而在這方面，台灣的路還遠的很呢。

海洋中的工程師——珊瑚

珊瑚是一種「不動的動物」，雖然牠有組織而無器官，但是牠造礁的本領很驚人，快的一年可以造出幾十平方公分的陸地來；青康藏高原上還有不少珊瑚的骨骸，桂林山水也是珊瑚長期工作的傲人傑作……

提起珊瑚，你想到什麼？珠寶？首飾？還是美麗的裝飾品？

事實上，很少人知道，珊瑚對人類最重要的貢獻，並不在於牠那華麗外表的裝飾作用，而是牠建造陸地的特殊功能。

長期研究珊瑚的台灣大學海洋研究所教授戴昌鳳說，珊瑚的造礁本領很驚人，速度快的一年可以造出幾十公分面積的陸地出來，而這些由珊瑚組織所分泌出來的珊瑚礁成分是碳酸鈣，經過了千萬年的累積後，就形成石灰岩，也就是我們人類所需水泥的主要來源。

在現今地球上，到處可以看到珊瑚造地後的成果，戴昌鳳指出，像青康藏高原就是由珊瑚造出的石灰岩所構成，現在高原上還遺留有不少珊瑚的骨骼痕跡呢，而著名的桂林山水，也是珊瑚長期工作而成的傲人傑作，當年由海底上升而成，爲地球製造出美麗的地形景觀，另外像小硫球等許多島嶼，整個島就是由珊瑚礁所構成的。

一直到十八世紀，人們都以爲珊瑚是植物，因爲絕大部分的珊瑚都是固著不動的，而且外形長相也和樹叢植物類似，但是從珊瑚身體的構造與攝食方式來看，牠卻是不折不扣的動物，只不過牠是少數「不動的動物」。

戴昌鳳表示，珊瑚屬於腔腸動物，和水螅、海葵、水母同類，是構造非常簡單的低等無脊椎動物，只有組織而無器官。我們一般看到的珊瑚，通常是由成千上萬隻「珊瑚蟲」個體聯結在一起形成的，珊瑚蟲是珊瑚體唯一有生命的構造，而平常在陸地上所看到的珊瑚，往往只是沒有生命的珊瑚骨骼而已。

珊瑚有一個非常奇妙的特徵，就是只要環境條件適合，牠就可以

珊瑚的種類形狀千變萬化。　　（戴昌鳳／攝）

持續成長，永遠也不會衰老死去，科學家對於珊瑚這種不朽的能力甚感好奇，也許了解珊瑚如何防止老化，有助於人類解開生死之謎吧！

不過，珊瑚雖然不會老死，但卻不表示牠們不需要繁殖後代。戴昌鳳說，爲了延續種族，也爲了擴張地盤，生殖對於固著不動的珊瑚而言，更是重要，而妙的是，珊瑚的生殖季節都準確地固定在每年的某一時期，絲毫不差，像每年農曆的三月十五到二十二日，是墾丁地區海域珊瑚的生殖季，每年此時，海中的珊瑚紛紛將精子及卵子排放出來，整個海域籠罩在億萬隻精卵子構成的彩色濃霧中，戴昌鳳說：「那眞是自然界的奇觀，終身難忘！」

珊瑚的種類形狀千變萬化，難以估計，目前所知全世界大約有兩千種以上的珊瑚，而台灣就有五百多種，其中有十種左右是特有種，像台灣蕈珊瑚。

對於生物學家來說，珊瑚是地球上生物多樣性最高、生物量最豐富、生產力最高的生態系之一，因此具有非常珍貴的研究價值；而台灣鄰近太平洋、印度洋區珊瑚分布的「種源中心」，擁有豐富的珊瑚資源，這些寶貴的珊瑚相，不但是無價的觀光資源，也維繫著沿海漁業的發展，以及台灣島上的水泥來源，我們怎能不珍視呢？

國寶魚危機重重

過去，櫻花鉤吻鮭廣泛分布在大甲溪六條支流中，今天，六條溪流中，只有七家灣溪還有牠的蹤影……

如果將台灣所有的野生動物依其珍稀性做個排名，那麼櫻花鉤吻鮭肯定名列前茅。

七十多年前，當台灣傳出有「洄游性」的鮭魚時，國際上的魚類大師都表示：「不可能！」因爲鮭魚是溫帶魚類，不可能出現在亞熱帶地區的台灣。

但是，台灣確實有鮭魚，而且是世界鮭鱒魚類分布的第二南限（另一爲在墨西哥的虹鱒），可見其珍貴性。也正因此，日本人曾將牠列爲天然紀念物，予以保護，我們也封牠爲「國寶魚」。

櫻花鉤吻鮭是屬於陸封性的鮭魚族群，也就是說，當萬年前冰河期消退之後，台灣的造山運動使得地形大變動，環境及氣溫的阻隔，使得櫻花鉤吻鮭無法再降到海洋去成長，只得終生棲息在溫度較低的高山溪流中。

台灣的高山溪流不少，但是櫻花鉤吻鮭卻只分布在中部大甲溪上游集水區的支流裡，學者猜測，這和大甲溪上游較平緩、且溪流中多石塊有關係，因爲櫻花鉤吻鮭習慣選擇地勢平緩的區域做爲產卵場，而且往往將卵下在石塊的縫隙中，經過兩三個月的時間才孵化成幼魚。

在過去，櫻花鉤吻鮭廣泛地分布於梨山以上大甲溪的六條支流中，數量相當多，是當地環山部落泰雅族人的食物來源之一，可是如今，不但六條支流中只剩下七家灣溪的一段有櫻花鉤吻鮭的蹤影，而且數量估計也已不到一千尾。

台大動物系生態研究室長期進行櫻花鉤吻鮭的追蹤研究，據研究人員曹先紹表示，棲地破壞、過度捕撈、水質污染，是櫻花鉤吻鮭瀕臨絕種的三大主因，即使這幾年農委會已投下上千萬經費進行櫻花鉤吻鮭的復育，但是結果仍然不樂觀。

曹先紹指出，櫻花鉤吻鮭的魚卵，正常約

櫻花鉤吻鮭是冰河時期留下來的活化石。（曹先紹／攝）

需三十天左右到達「發眼期」長出眼睛，但是現在由於溪流水質水溫的改變，二十多天就開始長眼睛，加速孵化，造成早熟或畸型的幼魚。

而溪流水質水溫的改變，正是由於大甲溪上游集水區過度的開發，使得兩岸的森林被砍伐殆盡，土地轉爲農地果園，不但水溫因兩岸植被的消失而增高，水質也因施用過多的農藥與肥料而被嚴重汙染。

在櫻花鉤吻鮭生存的七家灣溪範圍內，同時存在著林務局招待所、武陵農場、雪霸國家公園三個單位，這三個單位各自的業務與假日吸引來的旅遊人潮，已經對急需乾淨水質才得以孵化存活的櫻花鉤吻鮭，產生了巨大的衝擊。

曹先紹表示，多年前曾經針對野外的櫻花鉤吻鮭「魚口」結構做調查，發現是呈鈍三角形，也就是說，成魚少而幼魚多，但是如今再做調查，卻發現櫻花鉤吻鮭的族群結構已呈倒三角形，也就是成魚多而幼魚少的情形，這顯示出整個孵化過程出了毛病。未來如果情況不改善，曹先紹說，櫻花鉤吻鮭可能會連有繁殖能力的種魚都缺乏，而造成族群的持續縮減，最後走上滅絕的命運。

但是情況也並非糟到完全無藥可救，曹先紹表示，目前櫻花鉤吻鮭的唯一希望，就在於限制附近農地的繼續開發，還櫻花鉤吻鮭一個乾淨無汙染的活動空間，並且規劃出一個統籌專職的人工復育研究中心，來控制所有的水源、水質、環境因子。

櫻花鉤吻鮭這個冰河時期留下的珍貴活化石，就好像祖先留給我們的傳家寶一樣，讓我們可以溯往追源，了解我們生存的這塊土地的過去，如果牠在我們這一代的手上滅絕不保，誠如曹先紹所說的：「那我們真是敗家子了！」

台灣海蛇少人知

海蛇外形和陸蛇沒有太大的不同，但牠的身體構造可以讓牠適應海中的生活；而牠的劇毒是為了攝食魚類。

台灣的蛇很多，但是對蛇的研究卻很少，至於談到海蛇，那就更讓人陌生了。

最近剛從美國學成歸來的杜銘章博士，就是台灣極少數研究海蛇的人，七年前，他以蘭嶼的闊尾青斑海蛇作為碩士論文題目，算是台灣研究海蛇生態的第一人。

杜銘章還記得，當時因爲對海蛇一無所知，只知道牠很毒，爲了下海抓海蛇，還準備了各種應變設施，包括了厚達七釐米的潛水衣、厚手套以及毒蛇血淸。

海蛇外形和陸蛇沒有太大的不同，但是細看還是可以找出差異來，像海蛇的身體及尾部比較側扁，而鼻孔則幾乎長在頭頂（這是爲了讓牠在海裡換氣方便），肺也較陸蛇來的長（讓牠可以在海底閉氣長達一小時以上），另外海蛇還有一條陸蛇所無的舌下腺，能夠排除體內過多的鹽分，適應海中的生活。

杜銘章說，從海蛇與陸蛇的差異，可以看出海蛇從陸地下至海中生活的一個演化適應過程。

據科學家推測，世界上所有的海蛇都是從東南亞和澳洲「下海」的，而且目前所知，也只有太平洋與印度洋有海蛇出沒的蹤跡，大西洋則沒有海蛇。

杜銘章說，曾經有科學家做過一個有趣的實驗，分別從大西洋及太平洋找來同樣的魚種，讓牠們在餓過幾天後，放入海蛇，結果太平洋的魚一見海蛇就躲避不敢碰，而大西洋的魚則立刻呑吃海蛇，結果都被海蛇給毒死了，這個實驗顯示大西洋地區的魚類還不具有「海

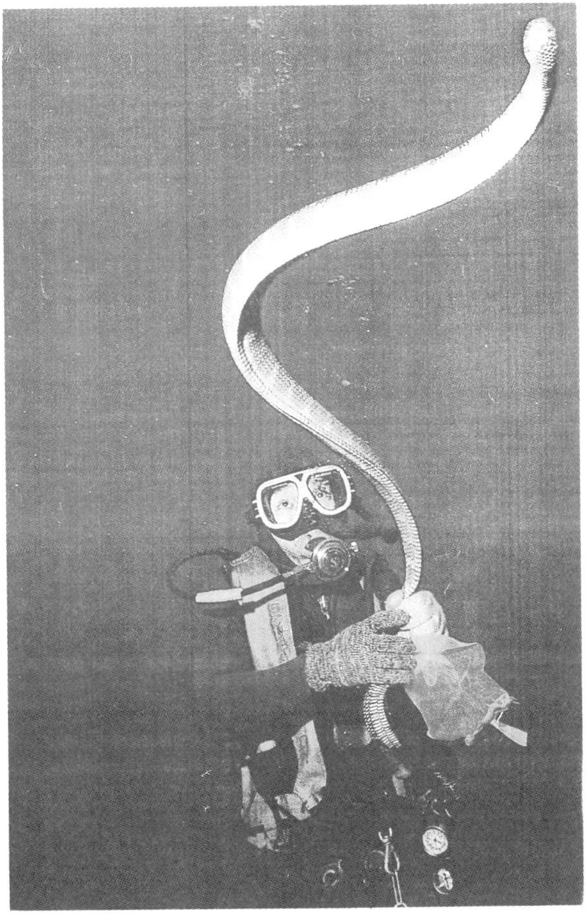

一般人對海蛇的認識都十分陌生。　（蘇焉／攝）

蛇經驗」，所以才對海街蛇一無所知。

至於海蛇為什麼要從陸地轉到海裡生活？杜銘章說，這很可能和食物來源的多寡有關係，海蛇吃魚，而海中魚多，再加上海蛇在海中幾乎可以說沒有天敵，所以海底世界是更適合牠的生存。

有意思的是，大家都知道海蛇有劇毒，據說，世界上最凶的海蛇是澳洲的赤海蛇，牠的一滴蛇毒能夠殺死三名成人，比所有的陸地毒蛇都厲害；但是海蛇既然沒有什麼天敵，為什麼要有這麼毒的武器呢？杜銘章說，這是因為海蛇的蛇毒並不是用來攻擊敵人的，而是做為攝食魚類時麻痺魚兒讓魚兒沒有逃脫的機會。

不過海蛇再毒，還是毒不過台灣人，在蘭嶼，就有人專門收購抓捕海蛇，再賣到台灣的夜市，供人食用。杜銘章說，海蛇的花紋和雨傘節很像，常常被走江湖的混充做雨傘節販售；蘭嶼海蛇的數量如今已大不如昔了。

台灣對蛇類的研究長期處於空白階段，如今隨著海洋大學、中山大學海洋生物研究所及海洋科學博物館的相繼成立，應該多少會有些幫助吧！

鄉情系列

台灣禽獸列傳

1994年5月初版
2002年元月初版第三刷

定價：新臺幣180元

著者 陳佩周
發行人 劉國瑞

出版者 聯經出版事業公司
臺北市忠孝東路四段555號
台北發行所地址：台北縣汐止市大同路一段367號
電話：(02)26418661
台北新生門市地址：台北市新生南路三段94號
電話：(02)23620308
台中門市地址：台中市健行路321號B1
台中分公司電話：(04)22312023
高雄辦事處地址：高雄市成功一路363號B1
電話：(07)2412802
郵政劃撥帳戶第0100559-3號
郵撥電話：26418662
印刷者 世和印製企業有限公司

行政院新聞局出版事業登記證局版臺業字第0130號

本書如有缺頁，破損，倒裝請寄回發行所更換。
ISBN 957-08-1204-4（平裝）
聯經網址 http://www.udngroup.com.tw/linkingp
信箱 e-mail:linkingp@ms9.hinet.net

國家圖書館出版品預行編目資料

台灣禽獸列傳 / 陳佩周著 . --初版 .
--臺北市：聯經，1994年
228面；14.8×21公分 . -- (鄉情系列)
ISBN 957-08-1204-4(平裝)
〔2002年元月初版第三刷〕

I . 動物

380 83003949